U0158255

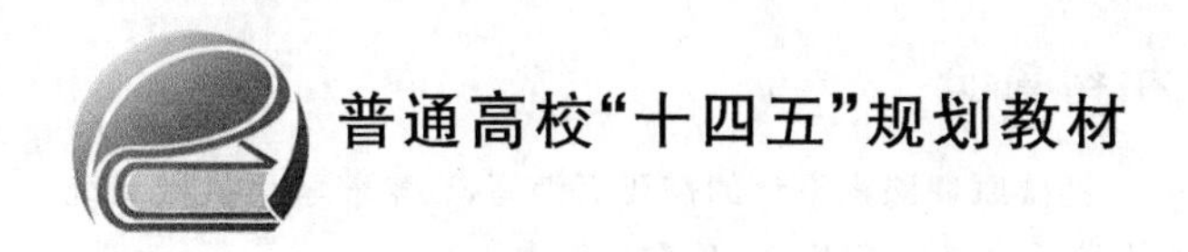

机械原理课程设计

于苏洋　王志坚　主编

北京航空航天大学出版社

内 容 简 介

本书为满足“机械原理”课程实践教学环节——机械原理课程设计的需要而编写，以培养学生机械系统运动方案创新设计的能力和应用现代先进分析与设计手段解决工程实际问题的能力为目标。

全书内容共分为7章。第1章对机械原理课程设计这一实践教学环节进行了概述；第2章简明阐述了机械执行系统运动方案设计的主要内容和方法；第3～5章详细阐述了利用解析法与虚拟样机实验法进行平面连杆机构及凸轮机构分析与设计的过程，并介绍了MATLAB与ADAMS软件在机构分析与设计中的应用；第6、7章介绍了机械执行系统运动方案设计的多个实例，并给出了若干设计题目。

本书可作为高等院校机械类各专业的教学用书，也可作为机械工程领域工程技术人员的参考书。

图书在版编目(CIP)数据

机械原理课程设计 / 于苏洋，王志坚主编. -- 北京 ：北京航空航天大学出版社，2022.3

ISBN 978-7-5124-3705-0

Ⅰ. ①机… Ⅱ. ①于… ②王… Ⅲ. ①机械学—课程设计—高等学校—教材 Ⅳ. ①TH111-41

中国版本图书馆CIP数据核字(2022)第007727号

机械原理课程设计

于苏洋　王志坚　主编

策划编辑　周世婷　　责任编辑　周世婷

*

北京航空航天大学出版社出版发行

北京市海淀区学院路37号(邮编100191)　http://www.buaapress.com.cn

发行部电话：(010)82317024　传真：(010)82328026

读者信箱：goodtextbook@126.com　邮购电话：(010)82316936

北京九州迅驰传媒文化有限公司印装　各地书店经销

*

开本：787×1 092　1/16　印张：8.25　字数：211千字

2022年3月第1版　2023年7月第2次印刷　印数：1 001～1 500册

ISBN 978-7-5124-3705-0　定价：29.00元

前　言

“机械原理”是高等院校机械类专业必修的一门重要的专业基础课程。机械原理课程设计作为“机械原理”课程的一项重要实践教学环节，承担着培养学生机械系统运动方案创新设计能力和应用现代先进分析与设计手段解决工程实际问题能力的重要任务。

近年来，本书编者在总结“机械原理”课程教学改革及精品课建设经验的基础上，充分考虑了高等工程教育改革对“机械原理”课程教学提出的新要求，在机械原理课程设计的教学内容与方法方面进行了较大的改革，本书即为编者近年来教学工作的总结。相较于同类其他书籍，本书在强调机构运动方案创新性的同时，更加重视解析法，以及 MATLAB 和 ADAMS 等现代计算机软件在机构分析与设计过程中的应用。同时，本书使用了大量的教学案例，并将数学建模、程序编写及软件操作等内容融入案例之中，便于学生理解和掌握，并为教师提供更为清晰的讲课脉络。

本书内容分为 7 章。第 1 章对机械原理课程设计这一实践教学环节进行了概述；第 2 章简要阐述了机械执行系统运动方案设计的主要内容和方法；第 3～5 章详细阐述了利用解析法与虚拟样机实验法进行平面机构和凸轮机构分析与设计的过程，并介绍了 MATLAB 与 ADAMS 软件在机构分析与设计中的应用；第 6、7 章介绍了机械执行系统运动方案设计的多个实例，并给出了若干设计题目。

本书由沈阳航空航天大学教师于苏洋、王志坚、李景春、叶长龙、王春华、安达、丁建、周松、回丽、王磊编写。其中，第 1、2 章由王志坚、叶长龙、回丽编写，第 3～5 章由于苏洋、安达、丁建编写，第 6、7 章由李景春、王春华、周松、王磊编写。于苏洋、王志坚担任本书主编，并负责统稿工作。

本书在编写和出版过程中得到了北京航空航天大学出版社的大力支持，在此表示由衷感谢。

由于编者能力有限，书中难免存在漏误之处，敬请广大同仁和读者批评指正。

编　者

2021 年 9 月

目　录

第1章 概 述

1.1 机械设计概述

1.1.1 机械设计的概念

机械设计是根据使用要求对机械的工作原理、结构、运动方式、力和能量的传递方式、各个零件的材料和形状尺寸、润滑方法等进行构思、分析和计算，并将其转化为具体的描述以作为制造依据的工作过程。

机械设计是机械工程的重要组成部分，是机械生产的第一步，是决定机械性能的最主要的因素，也是一个极具创造性的工作过程。

1.1.2 机械设计的类型

根据具体情况的不同，机械设计可分为以下三种不同的类型。

(1) 开发性设计

开发性设计指在设计原理、结构完全未知的情况下，创造性地设计出过去不曾有的新型机械。例如，最初的蒸汽机车的设计就属于开发性设计。此类设计要求设计者既有扎实的专业理论基础和丰富的设计实践经验，又有敏锐的市场洞察力、丰富的想象力和极强的创新能力。

(2) 适应性设计

适应性设计指在方案原理基本保持不变的情况下，对现有机械进行局部变更，以增加其功能或提高其性能。例如，内燃机安装增压器以增大输出功率，安装节油器以节约燃料。适应性设计要求设计者深刻理解现有机械的设计原理和功能结构，尽可能多地了解同类机械在国内外市场的变化趋势并跟踪掌握不断发展的新技术。

(3) 变型设计

变型设计指在方案原理与功能结构基本不变的情况下，通过变更现有机械的结构配置和规格尺寸，对其进行系列化设计或变容量设计，以使其适用于更多的容量要求。例如，由于需要传递的转矩和速比改变而重新设计减速器的传动尺寸就属于变型设计。

1.1.3 机械设计的一般程序

机械设计是一项复杂而细致的工作，为了提高机械设计的质量，必须有一套设计程序。根据设计者的长期工作经验，机械设计的一般程序主要包括如表 1.1－1 所列的四个阶段。

(1) 规划设计阶段

规划设计需要根据市场调查、需求分析、成本预测及可行性论证，明确所设计机械的用途及主要性能参数，编制设计任务书，明确具体的设计要求。

表 1.1-1 机械设计的一般程序

设计阶段	设计步骤与设计内容	阶段设计目标
规划设计	提出设计任务 → 可行性论证、技术经济性分析 → 明确任务需求	明确具体设计要求，形成设计任务书
方案设计	功能分析和工作原理确定 → 工艺动作分解和运动规律确定 → 机构形式与尺寸设计 → 方案评价 → 选定方案与优化	确定设计方案，形成机构运动简图，编制设计说明书
结构设计	机械构形构思与设计 → 机械总装配图设计 → 机械部件设计 → 机械零件设计 → 技术文件编制	通过设计计算形成机械总装配图、部件装配图和零件工作图，以及编制全部技术文件
改进设计	样机试制及性能测试 → 用户试用及专家鉴定 → 改进和完善设计	基于样机试制与性能测试形成性能测试报告、用户试用与专家鉴定报告，并完成改进后的设计图样

(2) 方案设计阶段

方案设计是整个机械系统设计过程中最重要的一部分，也是机械创新与质量保证的重要环节，直接决定着所设计机械的性能、质量和市场竞争力。根据机械系统的组成，方案设计主要包括以下内容：

① 执行系统的运动方案设计。

② 原动机类型的选择。

③ 传动系统的方案设计。

④ 控制及辅助系统的方案设计等。

上述内容①～③属于机械系统的运动方案设计，而其中的核心则是执行系统的运动方案设计。

执行系统的运动方案设计需要根据设计任务书进行功能分析，确定执行系统的工作原理，并对选定的工作原理进行工艺动作分解；确定各执行构件的运动规律，进而选定执行机构的形式，并在对各执行构件进行动作协调分析的基础上，进行各执行机构的尺寸设计，最终通过方案评价确定最优方案，并绘制机构运动简图，编制设计说明书。

(3) 结构设计阶段

结构设计需要从加工工艺、装配工艺、包装运输、人机工程、造型美学及使用者心理等因素出发，确定各零部件的相对位置、结构形状及连接方式；根据运动和动力设计及强度和刚度计算，选择零件的材料、热处理方法和要求，确定零件的尺寸、公差及制造安装的技术条件等；最终绘制机械总装配图、部件装配图和零件工作图，并编制相关的技术文件。

(4) 改进设计阶段

改进设计需要根据结构设计的结果进行机械系统的样机试制与性能测试，并通过用户试用与专家鉴定发现设计中存在的问题或缺陷。在此基础上，对设计做出相应的技术修改和完善。在改进设计过程中，会对方案设计阶段的结果进行修改(如因改变或增加某些功能的需要而改变执行机构的设计方案)，也会对结构设计阶段的结果进行修改(如因性能或结构的需要而改变零件结构或尺寸参数)。

经过上述四个阶段，机械设计的任务即可初步完成。基于“机械原理”课程的研究范畴，机械原理课程设计所涉及的工作属于方案设计阶段中的机械系统运动方案设计，并着重于执行系统的运动方案设计。

1.2 机械原理课程设计的目的和任务

1.2.1 机械原理课程设计的目的

“机械原理”课程是培养学生设计机械系统运动方案的能力，尤其是创新设计能力的专业基础课。机械原理课程设计作为“机械原理”课程的重要实践环节，其设置的目的在于：

① 以机械系统运动方案设计为主线，将分散于“机械原理”课程的知识贯穿起来，使学生巩固和加深在“机械原理”课程中所学的基本理论与方法。

② 通过一次完整的设计过程，训练学生根据功能要求拟定机械系统运动方案，对机械系统的分析与设计过程建立更为完整的概念，并具有机械系统运动方案的初步设计能力。

③ 对学生在分析、计算、绘图、技术资料查询以及文字与语言表达等方面的能力进行初步训练。

④ 培养学生理论与实践相结合的能力，以及应用计算机工具完成机械系统分析与设计的能力；激发学生的创新精神与团队合作意识。

1.2.2 机械原理课程设计的任务

机械原理课程设计的任务一般包括以下几个部分：

① 结合一个中等复杂程度的机械系统，根据使用要求和功能分析，确定系统的工作原理并进行工艺动作分解。

② 根据所选择的工作原理与工艺动作，综合应用所学各类常用机构的基本知识，进行机构的选型、创新与组合，构思各种可能的运动方案，并通过方案对比选择最佳运动方案。

③ 就所选定的方案，对各执行构件的运动规律进行协调设计，拟定机构的运动循环图。

④ 对所选定方案中的常用机构(连杆机构、凸轮机构、齿轮机构、间歇运动机构等)进行尺寸设计与运动分析。

⑤ 由运动方案和尺寸设计结果绘制机械系统的运动简图。

⑥ 利用实验装置或计算机软件对设计结果进行建模与仿真，验证设计结果的正确性。

⑦ 编制设计说明书。

1.3 机械原理课程设计的方法

机械原理课程设计过程中，尤其是机构尺寸设计与运动分析阶段所使用的方法大致可分为图解法、解析法和实验法三种。

(1) 图解法

图解法运用机械原理中的某些基本理论及已知条件所确定的几何关系，通过作图的方法求得相关结果。在严格按比例作图的基础上，图解法所需求解的尺寸可直接从图样上量取。图解法的优点是可以将分析和设计的过程清晰地表现在图样上，以直观、形象，便于检查结果的正确与否。同时，图解法也存在作图烦琐、精度不高等不足，不适用于精度要求较高或较为复杂的问题。

(2) 解析法

解析法是在机构分析的基础上，建立相关的数学模型以描述机构运动参数和结构参数之间的关系，并通过方程的求解得到所需的结果。解析法借助计算机运算求解可以避免大量的人工重复计算，能够快速得到计算结果，计算精度高，且便于确定机构在整个运动循环内各位置的运动参数。同时，解析法借助计算机可绘制出机构的运动曲线图，便于了解机构的运动特性，为机构的选型与尺寸设计提供依据。

(3) 实验法

实验法通常利用实验装置或虚拟样机软件搭建机械系统的运动方案模型，并通过测试实验装置或输出仿真结果来获取系统的运动特性，进而判断方案的合理性。这种方法形象直观，实践性强，易于激发学生的学习兴趣，并培养学生的动手能力。

图解法、解析法与实验法各有优缺点。对于一些较简单的问题，在满足精度要求的前提下，设计者可采用图解法完成设计工作。但随着计算机技术，尤其是 MATLAB、ADAMS 等软件的发展，解析法与虚拟样机实验法在机构分析与设计过程中得到越来越广泛的应用。

1.4 机械原理课程设计的具体要求

1.4.1 编写设计说明书

课程设计说明书是对整个设计计算过程的整理和总结，也是审核整个设计的重要技术文件。学生毕业后会面对各种实际的技术工作，而编写各种技术说明书是学生从事技术工作必须掌握的基本技能。因此，通过编写机械原理课程设计说明书，进行相应的训练非常必要。

(1) 说明书的内容

设计说明书的具体内容可视不同设计题目而定，但其大致内容应包括：

① 目录(包括标题、页码)。

② 设计题目(包括给定的设计任务、条件与要求)。

③ 机械系统运动方案(包括方案的拟定、评价与比较)。

④ 执行系统的运动循环图。

⑤ 对所选用机构的运动、动力分析与设计(包括对所用方法、原理及计算过程的说明)。

⑥ 计算机程序框图与代码(包括程序与数学模型中符号的对照表)。

⑦ 机械系统的机构运动简图。

⑧ 基于实验装置或虚拟样机的设计结果验证(包括对设计结果的分析与讨论)。

⑨ 对整个设计工作的总结。

⑩ 主要参考资料。

(2) 说明书的要求

编写设计说明书的具体要求及注意事项如下：

① 设计说明书可采用打印方式，如采用手工书写方式则要求字迹工整，不得使用铅笔和黑、蓝以外颜色的签字笔书写。说明书内容要求语言通顺，文字简练，条理清晰。

② 说明书封面应符合学校统一要求，应包括课程名称、设计题目、学生信息、指导教师、完成日期、成绩等栏目。

③ 说明书正文用纸可左右划分为“设计计算内容及说明”和“设计计算结果”两个区域，“设计计算内容及说明”区域内应编写必要的各级标题，并对所使用的公式进行统一编号，“设计计算结果”区域内应摘录设计计算过程所得的重要结果，便于后续查阅。

1.4.2 图样设计

图样是设计成果的重要组成部分，机械原理课程设计过程所要完成的图样主要包括机械系统的运动方案示意图、运动循环图、机构运动简图、图解法进行机构分析与设计的过程图，以及机构运动曲线图等。对图样的质量要求如下：作图准确，布置合理美观，图面整洁，标注齐全。当采用独立图纸绘图时，要求图样符合国家制图标准的规定，标题栏符合学校的统一要求。当采用在说明书中插图展示设计图样的方式时，要求对所有插图进行统一标号，并合理命名。

1.5 机械原理课程设计答辩的成绩评定

答辩是机械原理课程设计的最后一个重要环节。学生通过答辩可以系统总结设计的原理和方法,分析设计的优点和不足,归纳和展示设计的创新点,巩固分析和解决问题的能力。同时,答辩也是全面检验学生在整个设计工作中对有关理论问题理解的深度和广度、对有关基本方法掌握的熟练程度以及归纳总结和语言表达能力的重要手段。精心准备答辩环节能够使学生大幅提高对相关知识的理解和掌握。

课程设计的成绩评定应以学生在设计说明书、图样和答辩等方面的综合表现为依据。教师还可设计细化考查内容、评分项目及权重的成绩评定单以规范评定的标准。学生最终的成绩通常采用五级计分制,即优秀、良好、中等、及格、不及格。

第2章 执行系统运动方案设计

2.1 执行系统运动方案设计的内容

执行系统运动方案设计是机械系统运动方案设计的核心，对机械系统能否实现预期的功能以及性能的优劣起着决定性的作用。执行系统运动方案设计所包含的工作内容及流程如图 2.1－1 所示。

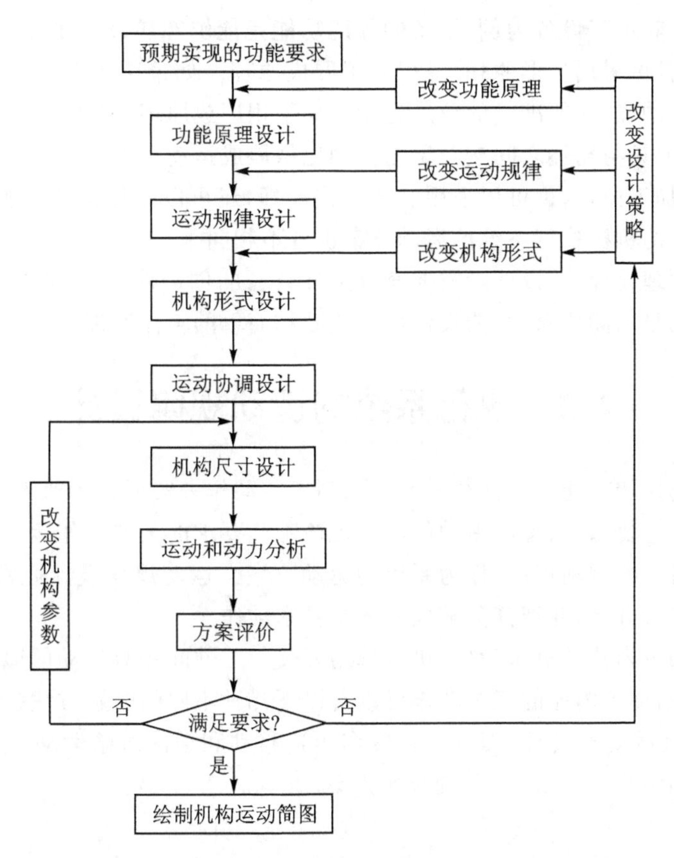

图 2.1－1　执行系统运动方案设计的内容与流程

在执行系统运动方案设计过程中，设计者需要完成以下工作：

① 根据功能要求选定执行系统的工作原理(功能原理设计)。

② 根据所选定的工作原理，选择系统中各执行构件的运动规律(运动规律设计)。

③ 根据执行构件的运动规律及系统的动力性能要求，选择或创新不同的机构形式，构思出各种可能的运动方案来满足系统的功能与运动要求(机构形式设计)。

④ 针对所选定的机构形式，在充分考虑各执行机构之间协调配合的基础上确定机构的尺寸（运动协调设计、机构尺寸设计）。

⑤ 基于运动与动力分析结果确定最佳方案，并绘制系统机构运动简图（运动和动力分析、方案评价）。

本章主要对执行系统的功能原理设计、运动规律设计、机构形式设计、运动协调设计以及运动方案评价等的工作内容与方法进行介绍。

2.2 执行系统的功能原理设计

执行系统的功能原理设计是根据机械系统所要实现的预期功能，构思和选择系统的工作原理来实现这一功能要求。实现同一功能要求，可选用不同的工作原理，选择不同的工作原理需要不同的工艺动作，执行系统的运动方案也必然不同。

以设计一个齿轮加工设备为例，设备的预期功能是能够在轮坯上加工出轮齿。为了实现这一功能要求，设备可采用仿形原理，也可采用展成原理。如采用仿形原理，工艺动作除了有切削运动和进给运动，还需要准确的分度运动。如采用展成原理，工艺动作除了有切削运动和进给运动，还需要刀具与轮坯之间按一定的传动比做展成运动。再如，为了加工出螺栓上的螺纹，可以采用车削加工原理，也可以采用套丝工作原理，还可以采用滚压工作原理。这几种螺纹加工原理所需要的机械执行系统的运动方案也各不相同。

在进行功能原理设计时，设计者需要充分发挥自己的创造性，并认真地分析比较，最终设计出既能很好地满足功能要求，又能设计出工艺动作简单的工作原理。

2.3 执行系统的运动规律设计

执行系统所选择的功能原理往往需要一系列工艺动作去实现。运动规律设计需要根据功能原理所提出的工艺要求，构思出多种能够满足该工艺要求的工艺动作运动规律，并从中选取最为简单、适用、可靠的运动规律，作为系统的运动方案。运动规律设计通常需要对工作原理所需的工艺动作进行分析，并把其分解成若干个基本动作。

以设计一台加工内孔的机床为例，机床选用刀具与工件间相对运动的原理完成内孔加工。根据这一工作原理，加工内孔的工艺动作可以有以下几种不同的分解方法（见图 2.3－1）。

① 工件 1 做连续等速转动，刀具 2 做纵向等速移动和横向进给运动，采用这种工艺动作分解方法可得到如图 2.3－1(a)所示的车床方案。

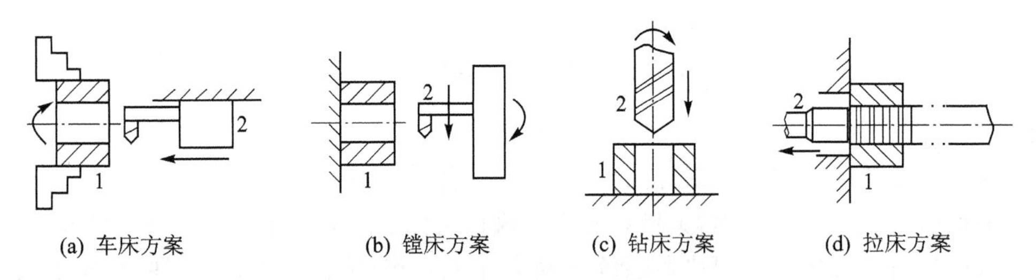

(a) 车床方案　(b) 镗床方案　(c) 钻床方案　(d) 拉床方案

图 2.3－1　内孔加工机床工艺动作分解

② 工件 1 固定不动，刀具 2 既绕被加工孔的中心线转动，又做纵向进给运动和横向调整运动，采用这种工艺动作分解方法可得到如图 2.3－1(b)所示的镗床方案。

③ 工件 1 固定不动，采用不同尺寸的专用刀具 2，并使刀具 2 做等速转动及纵向送进运动，采用这种工艺动作分解方法可得到如图 2.3－1(c)所示的钻床方案。

④ 工件 1 和刀具 2 均不转动，且刀具做直线运动，采用这种工艺动作分解方法可得到如图 2.3－1(d)所示的拉床方案。

通过以上例子可以看到，工艺动作可分解成各种简单的基本动作。工艺动作分解的方法不同，所得到的运动规律和运动方案也大不相同，并且这在很大程度上决定了机械工作的特点、性能及复杂程度等。在上述内孔加工机床的例子中，车、镗、钻、拉等方案的特点与适用的场合：当加工小的圆柱形工件时，选用车床镗内孔的方案比较简单；当加工尺寸很大且外形复杂的工件时，由于将工件装在机床主轴上转动很不方便，因此可采用镗床的方案；钻床方案取消了刀具的横向移动，工艺动作得到了简化，但带来了刀具的复杂化，且加工大的内孔有困难；拉床方案动作最为简单，生产率也高，但所需拉力大，刀具价格高，拉削大零件的长孔时有困难。所以，在进行运动规律设计和运动方案选择时，应综合考虑机械的工作性能、生产率、应用场合及经济性等各方面的因素，根据实际情况对各种运动规律和运动方案认真地分析和比较，从中选出最佳方案。

2.4 执行系统的机构形式设计

根据工艺动作分解确定了完成工艺动作所需执行构件的数目以及各执行构件的运动规律后，即可根据所得到的运动规律合理选择或创新各执行机构的形式，这一工作称为机构的形式设计。机构的形式设计是执行系统运动方案设计中的重要部分，机构形式设计的优劣直接关系到方案的先进性、实用性和可靠性。

在进行机构的形式设计时，设计者需要在熟悉各种常用机构的运动形式、功能特点、适用场合等的基础上，综合考虑执行系统的运动要求、动力特性、机械效率、制造成本及外形尺寸等因素，通过机构组合或变形等创造构思出结构简单、性能优良且成本低廉的机构。机构的形式设计是一项极具创造性的工作。

2.4.1 根据执行构件的运动形式选择机构形式

执行构件常见的运动形式主要有定轴转动、往复移动、往复摆动、间歇运动以及按预定轨迹运动等。为了便于设计者根据所需的运动形式选择机构的形式，按照执行构件的运动形式对各种常用机构进行分类(见表 2.4－1)，各种常用机构的主要性能与特点见表 2.4－2。

表 2.4－1　常见运动形式所选用的机构类型

执行构件运动形式	常用机构类型
匀速转动	平行四边形机构、齿轮机构、定轴轮系、行星轮系等
非匀速转动	双曲柄机构、转动导杆机构、曲柄滑块机构、组合机构等
往复移动	曲柄滑块机构、移动导杆机构、正弦机构、正切机构、凸轮机构、齿轮齿条机构、螺旋机构等
往复摆动	曲柄摇杆机构、双摇杆机构、摆动导杆机构、曲柄摇块机构、凸轮机构、齿轮齿条机构、组合机构等

续表 2.4－1

执行构件运动形式	常用机构类型
间歇运动	棘轮机构、槽轮机构、凸轮机构、不完全齿轮机构、组合机构等
轨迹运动	连杆机构、组合机构等

表 2.4－2　常用机构的主要性能与特点

机构类型	主要性能特点	运动变换
连杆机构	结构简单，制造方便，工作可靠；运动副为低副，能承受较大载荷；可实现从动件不同的运动规律；连杆曲线具有多样性，可满足不同运动轨迹的设计要求；传动不平稳，平衡困难，冲击与振动大，不适合高速场合	转动⇄转动 转动⇄摆动 转动⇄移动 转动⇄平面运动
凸轮机构	结构简单，尺寸紧凑，工作可靠；可实现从动件各种形式的运动规律；运动副为高副，易磨损，不适用于重载；常用于自动机械或控制系统中	转动⇄移动 转动⇄摆动
齿轮机构	结构简单，承载能力强，使用速度范围大，传动比恒定，效率高，工作可靠；制造和安装精度要求高；锥齿轮机构可传递两相交轴间的运动，蜗杆机构可传递空间两垂直交错轴间的运动，不完全齿轮机构可传递间歇运动；轮系可获得大的传动比，差动轮系可实现运动的合成与分解	转动⇄转动 转动⇄移动
螺旋机构	结构简单，工作平稳无噪声，减速比大，运动准确，可用于微调和微位移，反行程有自锁性能；传动效率低，螺纹易磨损，采用滚珠螺旋可提高效率	转动⇄移动
棘轮机构	结构简单，可获得从动件单向或双向较小角度的可调间歇转动；摩擦和冲击噪声大，只适用于低速轻载；常用于分度转位装置及防止逆转装置中	摆动⇄间歇运动
槽轮机构	结构简单，常用于分度转位机构，可实现任意等时的单向间歇转动；分度转角取决于槽轮的槽数，槽数少时，角度变化较大；冲击现象较严重，不适合用于高速	转动⇄间歇运动
组合机构	可由凸轮、连杆及齿轮等机构组合而成，能实现多种形式的运动规律，满足多种运动要求，且具有各机构的优点；结构复杂，设计较困难，常在要求实现复杂动作的场合应用	灵活性大

需要注意的是，实现执行构件同一种运动形式或轨迹可以选择不同的机构，设计者需要根据给定工艺动作的运动要求，结合各种常用机构的性能和工作特点，以及机构形式设计的原则进行比较分析，择优选用。

2.4.2　机构形式设计的原则

实现同一工艺动作要求，可选用或创造不同的机构形式及其组合。机构形式设计的优劣直接影响机械的制造成本、运动精度、动力特性、机械效率、使用效果及工作可靠性等。在进行机构形式设计时，设计者应注意考虑以下几个方面的原则。

(1) 满足执行构件的工艺动作和运动要求

进行机构形式设计时，首先必须满足执行构件在包括运动形式、运动规律和运动轨迹等方面的工艺动作和运动要求。满足同一动作要求的机构类型可能有多种，可在初选阶段多选择几种，经过比较分析，择优选用。

(2) 尽量缩短传动链，使机构结构简单

在满足工作要求的前提下，机构应尽可能简单，构件和运动副数量应尽可能少，机构的活动空间应尽可能小。坚持这个原则，可减少材料损耗，降低制造成本，减轻机械重量，同时还能够减少误差环节，减少摩擦损耗，提高运动精度和机械效率，提高工作可靠性。基于此原则，机构形式设计有时会选用有一定设计误差但结构简单的近似机构，而不选用理论上没有设计误差但结构复杂的机构方案。

例如，图 2.4-1(a)所示为理论上能够精确实现直线运动轨迹的铰链八杆机构，图 2.4-1(b)所示为利用连杆曲线上一段近似直线的满足运动要求的铰链四杆机构。相比之下，铰链八杆机构的构件和运动副数量较多，运动链长，结构复杂，且实际分析表明，在同一制造精度条件下，由于不可避免的构件尺寸制造误差和运动副间隙，铰链八杆机构的实际累积传动误差约为铰链四杆机构的 2～3 倍，因此设计者往往选用铰链四杆机构方案。

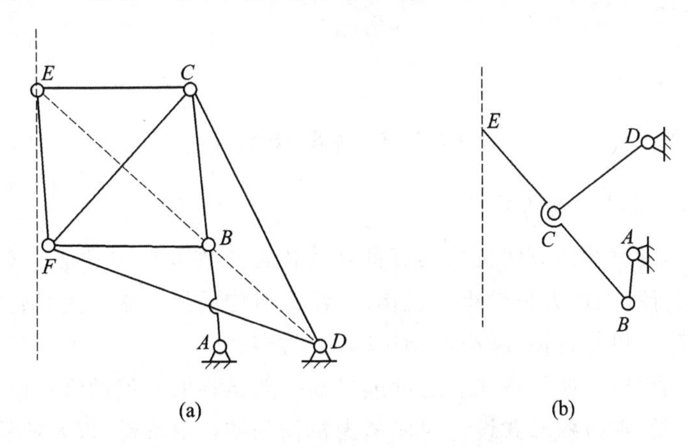

图 2.4-1 实现直线轨迹的连杆机构方案

(3) 合理选择运动副的类型

运动副类型的选择直接影响到机械的结构形式、耐用性能、传动效率、运动精度、灵敏程度和加工成本等。一般来说，转动副易于加工，容易保证运动副元素的配合精度，且效率较高。同转动副相比，移动副元素制造较困难，不易达到较高精度，效率较低且易发生自锁。

高副机构比较易于实现执行构件较复杂的运动规律或运动轨迹，且有可能减少构件和运动副的数目，从而缩短运动链。但高副元素的曲面形状制造比较困难，且易于磨损，进而造成运动失真。

总的来说，机构形式设计时应优先考虑采用平面低副机构，尤其是优先采用转动副。尽管对于某些工艺动作和运动规律，平面低副机构的设计有一定难度，或只能近似满足设计要求，但仍可借助计算机辅助优化设计以逼近设计要求；而高副机构一般用于低速轻载且执行构件运动规律复杂，运动精度要求较高的场合。

(4) 选择合适的动力源

在进行机构形式设计时，应充分考虑工作要求、生产条件和动力源情况，选择合适的动力源有利于简化机构，改善机械性能。当原动件需要连续转动时，通常采用电动机作为原动机。

当有气、液源时,可采用汽缸或液压缸作为原动机,这样既可以简化机构,省去电动机、传动机构或转换运动机构,又有利于操作、调节速度和缓冲减振,特别是对于工程机械、自动机或自动化生产线等,其优越性更为突出。但是,如现场不具备某种动力源,只为追求简化机构而特别设置一个新的动力源未必是合适的。

图 2.4 - 2 所示为两种钢板叠放机构。图 2.4 - 2(a)采用电动机作为原动机,电动机通过减速装置带动机构中的曲柄 1 转动。图 2.4 - 2(b)采用运动倒置的凸轮机构(凸轮为固定构件),以液压缸作为原动机(构件 1 为缸体,构件 2 为活塞)。图 2.4 - 2(b)中的机构比图 2.4 - 2(a)中的机构更简单,可见选择合适的动力源能够简化机构。

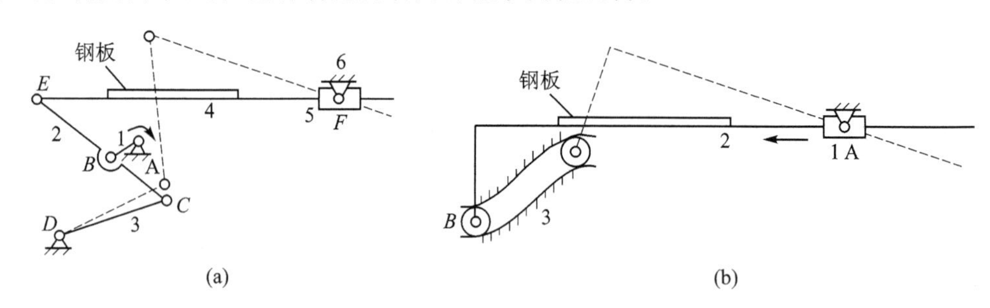

图 2.4 - 2　钢板叠放机构

(5) 机构要具有良好的动力特性

在进行机构形式设计时,应使机构具有良好的传力条件和动力性能。对于传力较大的机构应注意选用工作行程中压力角较小的机构,并注意机构的最大压力角是否在允许值范围内,以提高机构效率,防止机构自锁,减小原动机的功率损耗。

对于高速运转的机械,如果做往复运动或平面一般运动的构件的惯性质量较大,或转动构件有较大的偏心质量,在机构形式设计时应考虑机构的结构对称性,以及机构或回转构件的平衡,以减小机构运转过程中的动载荷。

(6) 保证机械使用安全、操作方便

在进行机构形式设计时,要多为使用者考虑,除了满足功能要求,还应注意使机构操作简单方便,工作安全可靠。例如,为了防止机械因过载而损坏,可采用有过载保护作用的摩擦传动;为了防止起吊中的机械在重力作用下自行倒转,可采用有自锁功能的传动机构。

上述基本原则,在机构形式设计时同时满足往往比较困难,有些甚至可能相互矛盾。在对某一具体的执行机构进行形式设计时,设计者应深入调查研究,认真分析设计对象,根据具体情况抓住主要矛盾,既有所侧重,又统筹兼顾。

2.4.3　机构形式设计的一些特殊要求

对于一些较为特殊或复杂的要求,在机构形式设计时往往需要一个以上基本机构组成的机构系统来实现。合理选择若干基本机构组合成机构系统以满足一些特殊的要求,也是机构形式设计的主要任务。在机构形式设计过程中需要注意以下几种特殊的设计要求。

(1) 实现执行构件大行程的要求

图 2.4 - 3(a)所示为对心曲柄滑块机构,其滑块 3 的行程是曲柄 1 长度的两倍,因此要想

实现滑块大行程的要求，将会造成机构尺寸过大。为了减小机构所占空间尺寸，可采用图 2.4-3(b)所示由曲柄滑块机构与齿轮齿条机构串联而成的组合机构。该机构将原滑块变为小齿轮 3，且该小齿轮同时与一个固定齿条 5、一个活动齿条 4 啮合。这样在曲柄 1 长度不变的情况下，以活动齿条 4 作为执行构件可将行程增加一倍。

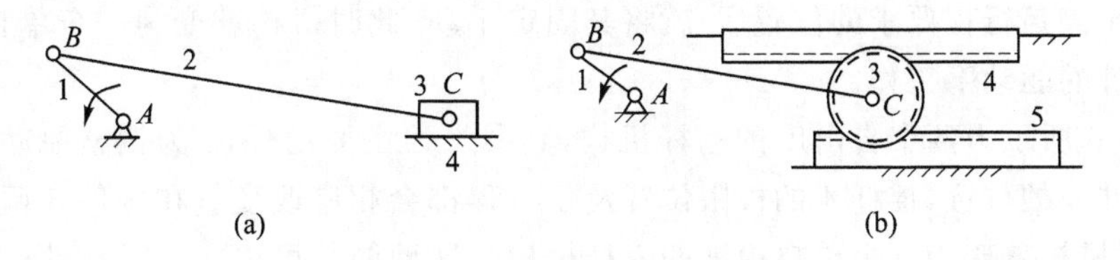

图 2.4-3　增大移动行程

如果要求执行构件有较大的摆动角行程，则可采用如图 2.4-4(a)所示的曲柄摇杆机构来实现。该机构不仅所占空间较大，而且在某些位置(如右极限位置)的压力角可能过大，从而使得机构的传力性能下降。如果采用图 2.4-4(b)所示由导杆机构与齿轮机构串联而成的组合机构，则不仅可满足大角行程的要求，而且机构紧凑，传力特性好。

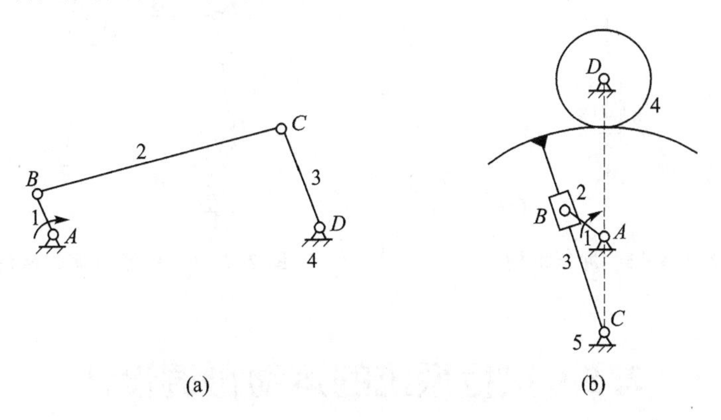

图 2.4-4　增大摆动行程

(2) 实现执行构件在某位置能承受极大力的要求

某些大型机械在工作行程中要求执行构件短时间内承受极大的力。要实现此要求，不应盲目选择大功率的原动机，而应首先合理选择机构的形式。图 2.4-5(a)所示为某中小型冲压机所选用的曲柄滑块机构方案。在本方案中，滑块 3 在接近下极限位置开始冲压工件时将承受较大的力，但此时工作阻力 P 沿着连杆 2 和曲柄 1 直接传递到固定铰链 A 处，曲柄 1 上的驱动力矩主要克服运动副中的摩擦力矩，并不需要很大。如果需要滑块在下极限位置能够短暂停歇，则可采用图 2.4-5(b)所示的六杆机构方案。该六杆机构由曲柄摇杆机构 $ABCD$ 和摇杆滑块机构 DCE 串联组成，且两机构的执行构件摇杆 3 和滑块 5 会同时处在速度为零的极限位置，而在该位置附近两构件的速度也较小，因此滑块 5 的速度在一短暂的时间内可近似视为零，即实现了短暂的停歇。

(3) 实现执行构件行程可调的要求

有些机械需要能够调节某些运动参数。以牛头刨床为例，根据刨削工件大小的不同，刨刀的行程也应能够随之调整。调整行程的方法一般有两种。第一种方法是将机构中某些构件制成尺寸可调的构件。如图 2.4-3(a)所示的曲柄滑块机构,若将曲柄 1 制成长度可调的构件,就可改变滑块 3 的行程。第二种方法是设计出可调行程的机构。设计的基本思路是选择一个两自由度的机构,为使其具有确定运动,机构应有两个原动件:一个为主原动件,即为完成预定运动要求的输入构件;另一个为调整原动件,即调整它的位置可改变执行构件的行程。在调整原动件调整至满足行程要求的位置后,就将其固定不动,此时机构就变为一个单自由度系统,且在主原动件的驱动下工作。

图 2.4-6 所示为两个自由度的七杆机构,其中 1 为主原动件,5 为调整原动件。改变构件 5 相对构件 6 的位置,摇杆 4 的极限位置及角行程都会相应改变。在构件 5 调整到合适位置将其固定,机构就变为一个单自由度的六杆机构。这种调整可以在主原动件运转过程中进行。例如,在缝纫机中就采用了类似的机构来调整"针脚"的大小。

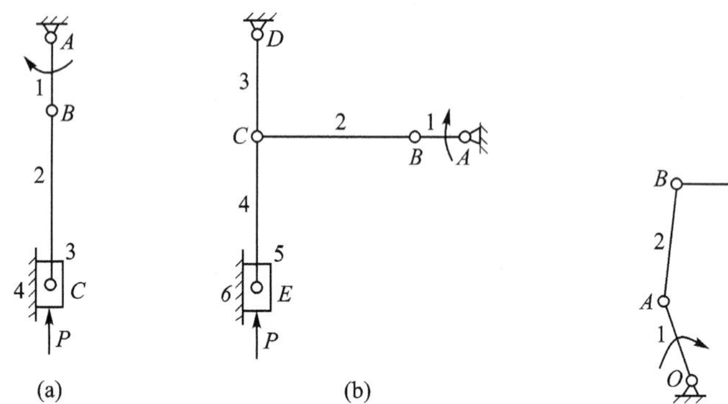

图 2.4-5　冲压机构

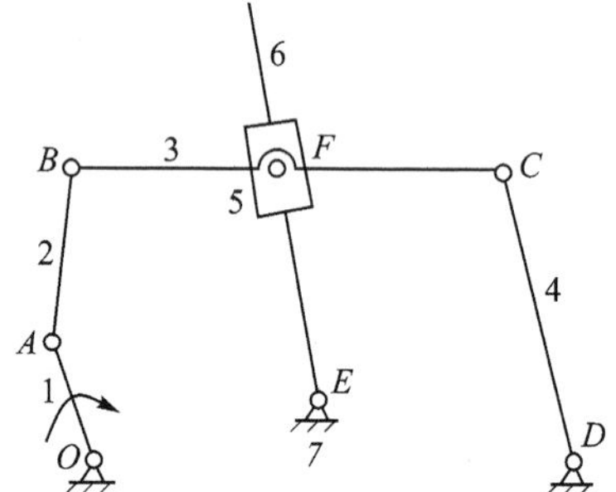

图 2.4-6　行程可调的两自由度七杆机构

2.5　执行系统的运动协调设计

一个复杂的执行系统通常由多个执行机构组成。各执行机构不仅要完成各自的执行动作,还必须以一定的次序协调动作,相互配合,以完成机械预期的功能要求。如果各执行机构的动作不能协调一致,那么机械不但不能顺利工作,还可能会损坏机件和产品,甚至造成人身事故。因此,执行系统的运动协调设计是机械系统方案设计不可缺少的一个环节。

2.5.1　执行系统运动协调设计的要求

执行系统的运动协调设计主要应满足以下要求。

(1) 各执行机构的执行动作在时间上要满足协调性

各执行机构的执行动作的先后顺序必须符合工艺过程所提出的要求,保证时间上的同步性。同时,各执行机构的运动循环时间应相同或按工艺要求成一定的倍数关系,从而使各执行机构不仅在时间上能够保证确定的顺序,而且能够周而复始地循环协调工作。

(2) 各执行机构在运动过程中要保证空间协调性

为了使执行系统能够顺利完成预期的工作任务,必须使各执行机构在空间布置上协调一致。对于有位置制约的执行系统,必须对各执行机构进行空间上的协调设计,以保证在运动过程中，各执行机构之间以及机构与周围环境之间不发生位置干涉。

(3) 多个执行机构对同一操作对象的操作要满足协同性要求

当两个或两个以上执行机构对同一对象实施操作，完成同一执行动作时，各执行机构之间的运动必须协同一致。图 2.5-1 所示为某纸板冲孔机构，该机构中冲头滑块 6 的冲孔工艺动作由两个执行机构组合实现：在构件 1、2、3、7 组成的曲柄摇杆机构中，原动件曲柄 1 的整周回转能够带动摇杆 3 上下摆动，进而带动摇杆 3 上的冲头滑块 6 上下摆动；在摇杆 3 位置确定的情况下（此时可视摇杆 3 与机架 7 固连为一个构件），在构件 4、5、6、7 组成的摇杆滑块机构中，原动件摇杆 4 能够在电磁铁的驱动下摆动，进而带动冲头滑块 6 在导路（摇杆 3）上移动。只有冲头滑块 6 移动至冲针上方，同时向下摆动才能够打击冲针完成冲孔任务。因此，两个执行机构的运动必须精确地协同配合，否则会产生“空冲”现象。

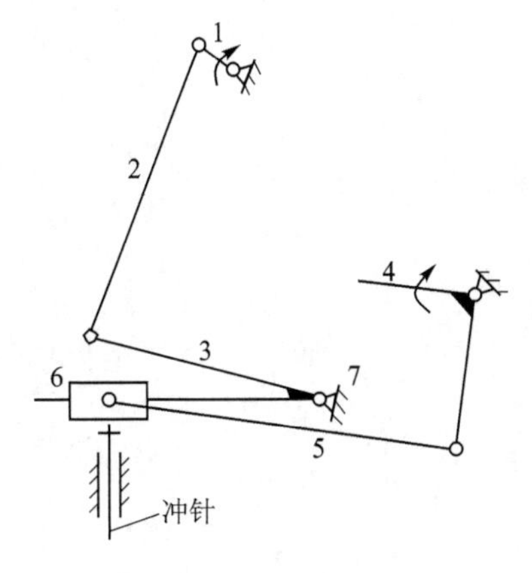

图 2.5-1　纸板冲孔机构

(4) 各执行机构的执行动作在速度上要协调配合

对于有些机械，各执行机构的动作除了要满足时间、空间上的协调性与协同性之外，还必须满足运动速度的协调性。当用展成法加工齿轮时，滚齿机或插齿机中刀具和轮坯的范成运动必须保证严格的速比关系。

(5) 尽量缩短执行系统的工作循环周期

在安排各执行机构的动作顺序时，应尽可能缩短执行系统的工作循环周期，以提高生产效率。缩短工作循环周期通常可采用两种方法：一种是尽量缩短各执行机构空回行程的时间；另一种是在不产生运动干涉的前提下，可以在前一个执行机构的回程结束之前，开始后一个执行机构的工作行程。

2.5.2　基于机械运动循环图的执行系统运动协调设计

为了保证机械在工作时各执行机构间动作的协调配合关系，在进行执行系统运动协调设计时应绘制运动循环图，以表明在一个工作循环中，各执行构件间的运动配合关系。在绘制运动循环图时，通常选取机械中某一主要的执行构件作为定标件，以它的运动位置（通常以生产工艺的起始点作为起始位置）作为基准，确定其他执行构件的运动相对于该定标件的先后次序和配合关系，并将各执行机构的运动循环按同一时间（或位置）比例尺绘出。常用的机械运动循环图有三种表示形式，即直线式、圆周式与直角坐标式。下面通过粉料压片机的例子来说明基于机械运动循环图进行执行系统运动协调设计的过程。

如图 2.5-2 所示粉料压片机的工艺过程包含如下五个步骤：

① 盛有料粉的送料筛 4 右移到模具 13 上方，将上一循环已成型并被下冲头 7 向上顶出的药片向右推出，之后下冲头 7 下移；

② 送料筛 4 振动，将料粉筛入模具 13，之后送料筛 4 左移退回；

③ 下冲头 7 下沉一定距离，粉料在模具中跟着下沉，防止上冲头 12 下压时料粉扑出；

④ 上冲头 12 下压，下冲头 7 上压，将粉料加压并保持一定时间；

⑤ 上冲头 12 快速向上退回，下冲头 7 随之将成型药片向上顶出模具并停歇，等待下一循环。

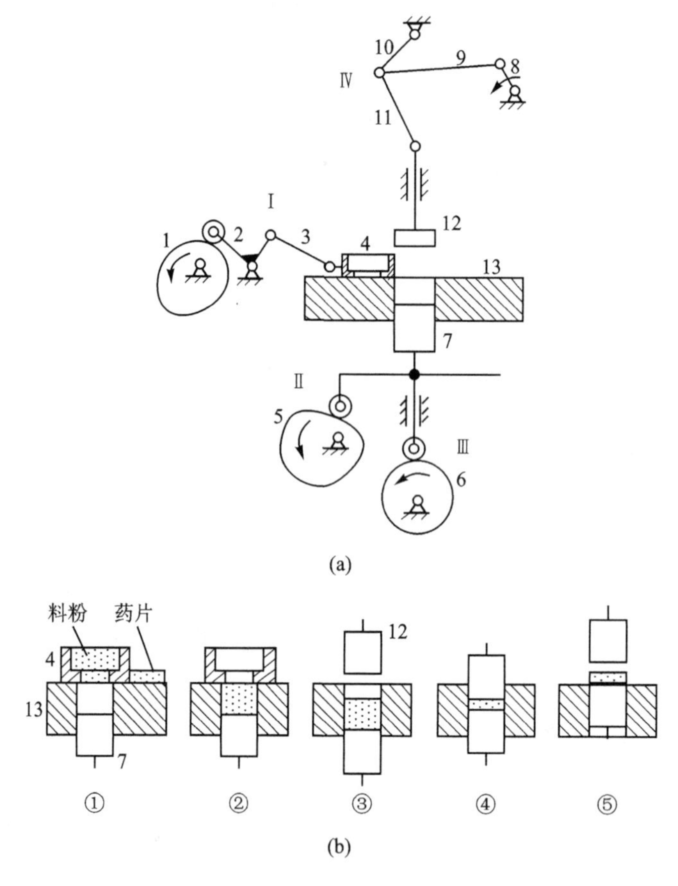

(a)

(b)

图 2.5-2　粉料压片机及压片工艺

由上述工艺动作过程可知，粉料压片机的执行系统共需三个执行构件，分别为送料筛 4、下冲头 7 和上冲头 12。为了能够实现所需的工艺动作，系统分别选用了如下形式的执行机构：

- 送料筛 4 在步骤①和②中的送料、振动及退回动作通过凸轮连杆机构Ⅰ完成；
- 下冲头 7 在步骤①、④和⑤中的下移、上压及上顶动作通过凸轮机构Ⅱ完成；
- 下冲头 7 在步骤③中的下沉动作通过凸轮机构Ⅲ完成；
- 上冲头 12 在步骤④和⑤中的下压与退回动作通过六杆机构Ⅳ完成。

其中，上冲头 7 的工艺动作经过分解后分别通过凸轮机构Ⅱ和Ⅲ完成。为了保证各执行机构在运动时间上的同步性，须将各执行机构的原动件（凸轮 1、5、6 和曲柄 8）安装在同一根分配轴上或通过传动装置把它们与分配轴相连，整个机构系统由一个电动机驱动，从而使各执行机构的运动循环时间相同，并按确定的顺序周期性的循环协调工作。

为了精确绘制运动循环图，给定如下设计参数：

- 粉料压制成的药片厚度为 5 mm；
- 设备生产率为 25 片/min（一个工作循环各原动件转动一周用时 2.4 s）；

- 下冲头 7 行程为 24 mm，其中步骤①中下移 21 mm，步骤③中下沉 3 mm；
- 上冲头 12 行程为 100 mm，其中模具上方行程为 89 mm；
- 步骤④过程中，上冲头 12 下移到模具台面下方 3 mm 处时，下冲头 7 开始上升，之后上、下冲头各移动 8 mm（上、下冲头最终距离 5 mm，与压片厚度一致）；
- 步骤④过程中，上、下冲头停歇保压时间为 0.4 s，对应原动件转过 60°；
- 送料筛 4 移动行程为 50 mm。

根据给定的设计参数，绘制出的直线式运动循环图如图 2.5－3(a)所示，直角坐标式运动循环图如图 2.5－3(b)所示，两种形式运动循环图均将各执行机构原动件分配轴的转角作为横坐标。为了便于观察下冲头 12 的最终运动规律，在图 2.5－2(b)直角坐标式运动循环图中将下冲头下沉（步骤③中的下沉动作）和下冲头冲压（步骤①、④和⑤中的下移、冲压、上顶动作）的运动规律绘制在同一坐标系中。

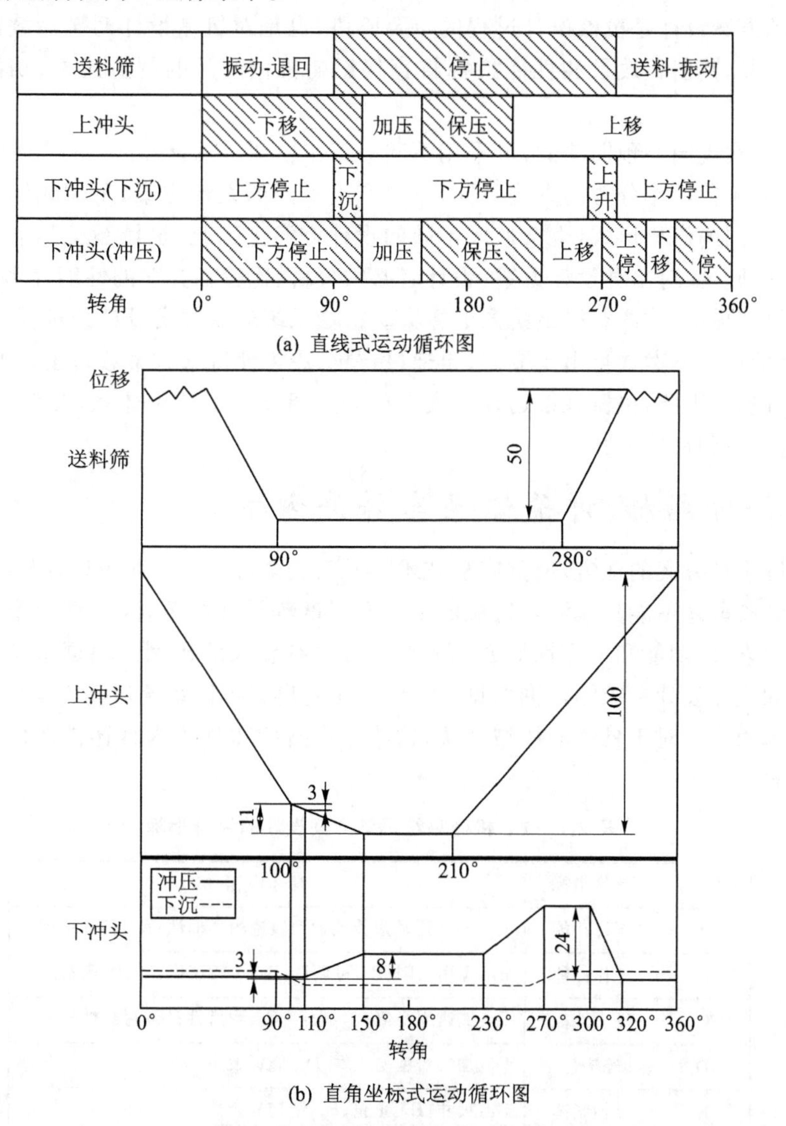

图 2.5－3　粉料压片机及压片工艺

由图 2.5－3 可以看出，直线式运动循环图绘制方法简单，能够表示出整个运动循环内各执行构件间运动的先后顺序和位置关系，但不能具体显示各执行构件的运动变化规律；直角坐标式运动循环图本质上就是各执行构件的位移线图，只是通常将工作行程、返回行程、停歇区段等分别简化为上升、下降和水平的直线来表示。直角坐标式运动循环图不仅能够表示出各执行构件的运动先后顺序，还能表示出执行构件在各区段的运动规律，便于指导各执行机构的尺寸设计。因此，在进行执行系统运动协调设计时，通常优先采用直角坐标式运动循环图。

2.6 机械系统运动方案的评价

2.6.1 方案评价的意义

机械运动方案设计是机械设计过程的重要阶段，也是对机械设计乃至后续制造和使用最关键的一个阶段，其创新效果和性能指标将直接影响机械产品的制造成本、功能质量和使用效果。

如前所述，实现同一预期功能，可采用不同的工作原理，从而构思出不同的设计方案；采用同一工作原理，工艺动作分解的方法不同，也会产生不同的设计方案；采用相同的工艺动作分解方法，选用不同的机构形式，也会形成不同的设计方案。因此，机械系统运动方案的设计是一个多解性问题。面对多种设计方案，设计者必须分析、比较各方案的性能优劣、价值高低，并经过科学评价和决策，才能获得最满意的方案。机械系统运动方案设计的过程，就是一个先通过分析、综合使待选方案数目由少变多，再通过评价、决策使待选方案数目由多变少，最后获得满意方案的过程。因此，机械系统运动方案设计需要建立一个评价体系，并据此进行全面、综合的评价，进而得到最佳方案。

2.6.2 评价指标、评价体系与评价方法

机械系统设计方案的优劣，通常应从技术、经济、安全可靠三方面予以评价。但是，由于在运动方案设计阶段还不能具体涉及机械的结构和强度等设计细节，因此评价指标应主要考虑技术方面的因素，即功能和工作性能方面的指标应占有较大的比例。根据机械系统设计的主要性能要求和机械设计专家的咨询意见，表 2.6－1 列出了机械系统运动方案设计的部分评价指标及其具体内容。对于具体的机械系统，这些评价指标和具体内容还需要依据实际情况加以增减和完善。

表 2.6－1　机械系统运动方案设计的评价指标

序　号	评价指标	具体内容
A	系统功能	A_1：实现运动规律或运动轨迹的准确性；A_2：传动精度
B	工作性能	B_1：应用范围；B_2：可调性；B_2：运转速度；B_2：承载能力
C	动力性能	C_1：加速度峰值；C_2：噪声；C_3：耐磨性；C_4：可靠性
D	经济性	D_1：加工难度与成本；D_2：能耗大小
E	结构紧凑	E_1：尺寸；E_2：重量；E_3：结构复杂性

根据上述评价指标所列项目，通过一定范围内的专家咨询(可选择教师或学生代表作为“专家”)，征集专家对各项评价指标所分配分数值的意见，逐项评定分配分数值，即可构建机械系统运动方案设计的评价体系。表 2.6－2 所列为针对某机械系统运动方案设计建立的评价体系。需要指出的是，针对不同的设计任务，应根据具体情况，拟定不同的评价体系。如对于重载机械，应对其承载能力给予较大的重视；对于加速度较大的机械，应对其振动、噪声和可靠性给予较大的重视；对于通用机械，适用范围较广为好，而对于专用机械，则只需完成设计目标所要求的功能即可。

表 2.6－2　某机械系统运动方案设计的评价体系

评价指标	系统功能 A		工作性能 B				动力性能 C				经济性 D		结构紧凑 E		
总分	30		20				20				15		15		
具体项目	A_1	A_2	B_1	B_2	B_3	B_4	C_1	C_2	C_3	C_4	D_1	D_2	E_1	E_2	E_3
分数值	20	10	5	5	5	5	5	5	5	5	10	5	5	5	5

基于所建立的评价系统，可采用较为简便的专家计分评价法对所提出的方案进行最终评价。专家评分一般采用五级相对评分制，即用专家评分 0、0.25、0.5、0.75、1 分别表示方案在某具体指标项目方面为很差、差、一般、较好、很好。进而将各专家对某方案某指标项目的评分进行平均，再乘以该指标项目分配的分数值，即可得到方案在该指标项目上的得分。最后将各指标项目的得分相加，即得到该方案的总分。根据各方案总分的高低，即可排出各方案的优劣次序，从中选出最佳方案。

第 3 章

平面连杆机构的运动分析

3.1 概 述

平面机构的运动分析是在不考虑外力影响的情况下，仅从几何角度出发，根据已知的原动件的运动规律（通常假设为做匀速运动），确定机构其他构件上各点的位移（轨迹）、速度和加速度，或构件的角位移、角速度和角加速度等运动参数。无论是对现有机械的工作性能进行分析研究，还是设计新机械，机构运动分析都是十分重要的。

通过对机构的位移和轨迹进行分析，可以考察某构件能否实现预定的位置要求，构件上的某点能否实现预定的轨迹要求，还可以确定从动件的行程和所需的运动空间，据此判断机构在运动过程中是否会发生碰撞干涉，或确定机构的外廓尺寸。通过对机构的速度和加速度进行分析，则可以了解机构从动件的速度、加速度变化规律能否满足工作要求。

本章选取铰链四杆机构、牛头刨床六杆机构和插齿机六杆机构三个实例，重点讲解利用解析法进行平面连杆机构运动分析的数学建模与求解过程，并介绍了 MATLAB 与 ADAMS 软件在平面连杆机构运动分析中的应用，同时，本章还给出了平面连杆机构运动分析的若干练习题图。

3.2 铰链四杆机构的运动分析

3.2.1 数学建模

图 3.2－1 所示的铰链四杆机构运动简图中，已知构件 1～4 的长度分别为 l_1、l_2、l_3 和 l_4，原动件 1 以角速度 ω_1 匀速转动。运动分析的任务为确定机构中各从动件角位移、角速度及角加速度的变化规律。

（1）位移分析

选取原动件 1 上固定铰链 A 的位置为坐标原点，x 轴与机架固连（由 A 指向 D）建立坐标系。定义描述各构件方位的向量 $\boldsymbol{l}_1$、$\boldsymbol{l}_2$、$\boldsymbol{l}_3$ 和 $\boldsymbol{l}_4$，各构件向量相对 x 轴的转角分别表示为 φ_1、φ_2、φ_3 和 φ_4（以 x 轴为零位，逆时针为正）。进而，机构的封闭矢量方程可建立为

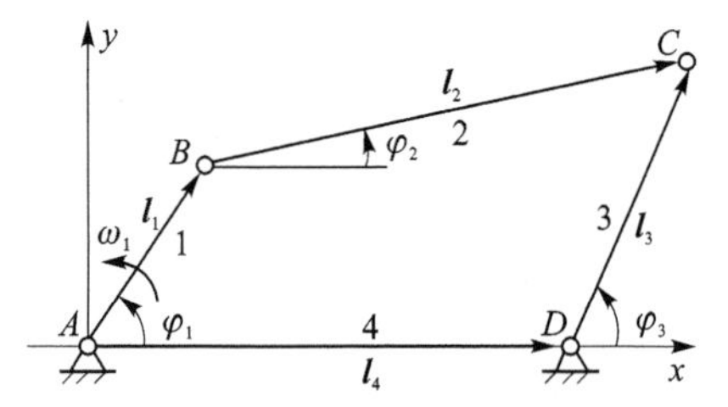

图 3.2－1 铰链四杆机构运动简图

$$\boldsymbol{l}_1+\boldsymbol{l}_2=\boldsymbol{l}_3+\boldsymbol{l}_4 \tag{3.2-1}$$

将上式分别向两坐标轴投影，可得位移方程

$$\begin{cases} l_1\cos\varphi_1 + l_2\cos\varphi_2 = l_3\cos\varphi_3 + l_4 \\ l_1\sin\varphi_1 + l_2\sin\varphi_2 = l_3\sin\varphi_3 \end{cases} \tag{3.2-2}$$

给定原动件角位移 $\varphi_1=\omega_1 t$(t 为机构运动时间),式(3.2-2)位移方程中两个未知数,从动件角位移 φ_2 和 φ_3 可以得到求解。求解过程可首先利用 $\sin^2\varphi_2+\cos^2\varphi_2=1$ 从式(3.2-2)中消去 φ_2,得到方程

$$A\sin\varphi_3 + B\cos\varphi_3 + C = 0 \tag{3.2-3}$$

式中,

$$A=-\sin\varphi_1,\quad B=\frac{l_4}{l_1}-\cos\varphi_1,\quad C=\frac{l_1^2+l_3^2+l_4^2-l_2^2}{2l_1l_3}-\frac{l_4}{l_3}\cos\varphi_1$$

令 $x=\tan(\varphi_3/2)$,则 $\sin\varphi_3=2x/(1+x^2)$,$\cos\varphi_3=(1-x^2)/(1+x^2)$,式(3.2-3)可转化为

$$(B-C)x^2-2Ax-(B+C)=0 \tag{3.2-4}$$

通过求解式(3.2-4)一元二次方程可得

$$\varphi_3=2\arctan x=2\arctan\frac{A+M\sqrt{A^2+B^2-C^2}}{B-C} \tag{3.2-5}$$

式(3.2-5)中引入一个型参数 $M=\pm1$,表示在同样构件长度的条件下,机构有两种装配方式(如图 3.2-2 中实线与虚线所示)。在求解式(3.2-5)的过程中,应根据机构装配方案首先选定 M 的取值,同时,还需要根据式中反正切函数自变量分式中分母与分子的正负号对 φ_3 所处的象限进行判断。

在求出 φ_3 后,φ_2 可根据式(3.2-2)进行求解:

$$\varphi_2=\arctan\frac{l_3\sin\varphi_3-l_1\sin\varphi_1}{l_3\cos\varphi_3+l_4-l_1\cos\varphi_1} \tag{3.2-6}$$

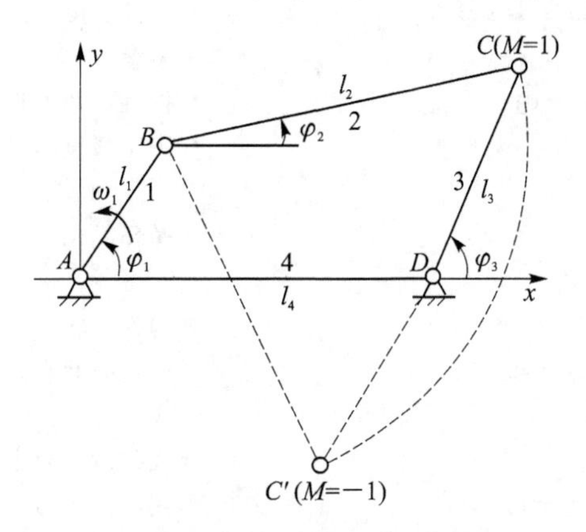

图 3.2-2 铰链四杆机构的型参数与装配方式

(2) 速度与加速度分析

求解构件角速度时,将式(3.2-2)位移方程对时间 t 求一次导数,并整理为矩阵形式可得速度方程

$$\begin{bmatrix} -l_2\sin\varphi_2 & l_3\sin\varphi_3 \\ -l_2\cos\varphi_2 & l_3\cos\varphi_3 \end{bmatrix}\begin{bmatrix} \dot\varphi_2 \\ \dot\varphi_3 \end{bmatrix}=\begin{bmatrix} l_1\sin\varphi_1 \\ l_1\cos\varphi_1 \end{bmatrix}\dot\varphi_1 \tag{3.2-7}$$

在已确定构件转角，且已知原动件角速度 $\dot{\varphi}_1=\omega_1$ 的情况下，通过式(3.2-6)，速度方程(3.2-7)可解得从动件角速度 $\dot{\varphi}_2$ 与 $\dot{\varphi}_3$。

求解构件角加速度时，将式(3.2-2)位移方程对时间 t 求二次导数，并整理矩阵形式可得加速度方程(已知 $\ddot{\varphi}_1=0$)

$$\begin{bmatrix}-l_2\sin\varphi_2 & l_3\sin\varphi_3\\ -l_2\cos\varphi_2 & l_3\cos\varphi_3\end{bmatrix}\begin{bmatrix}\ddot{\varphi}_2\\ \ddot{\varphi}_3\end{bmatrix}+\begin{bmatrix}-l_2\cos\varphi_2 & l_3\cos\varphi_3\\ l_2\sin\varphi_2 & -l_3\sin\varphi_3\end{bmatrix}\begin{bmatrix}\dot{\varphi}_2^2\\ \dot{\varphi}_3^2\end{bmatrix}=\begin{bmatrix}l_1\cos\varphi_1\\ -l_1\sin\varphi_1\end{bmatrix}\dot{\varphi}_1^2 \tag{3.2-8}$$

在已确定构件转角与角速度的情况下，通过式(3.2-7)加速度方程可解得从动件角加速度 $\ddot{\varphi}_2$ 与 $\ddot{\varphi}_3$。

3.2.2 MATLAB 程序设计

对于图 3.2-1 所示机构，给定如下参数的取值：$l_1=150$ mm，$l_2=400$ mm，$l_3=250$ mm，$l_4=380$ mm(机构为曲柄摇杆机构)，同时给定原动件曲柄 1 的角速度为 $\omega_1=24(°)/\text{s}$。基于所建立的数学模型，利用 MATLAB 编写程序并运行可得到机构运动分析的结果。

启动 MATLAB 软件后，在功能区单击“主页”标签，然后单击“新建脚本”按钮，打开“编辑器”窗口，即可在窗口内进行程序编写。在功能区单击“编辑器”标签，进而单击“保存”按钮将程序以文件名“crank_rocker_mechanism.m”保存。在“编辑器”标签内单击“运行”按钮可运行程序并输出结果。“crank_rocker_mechanism.m”程序的代码及注释如下：

```
clear;                                                  % 清空工作区
 % 以下给定已知数据
l1 = 150; l2 = 400; l3 = 250; l4 = 380;                 % 构件长度
M = 1;                                                  % 型参数
phi1_dot1 = 24; phi1_dot2 = 0;                          % 构件 1 角速度与角加速度
hd = pi/180; du = 180/pi;                               % 用于弧度与角度单位转换
 % 以下进行运动分析计算
for n = 1:361                                           % 循环结构，位置间隔 1°
    % 以下计算构件 1 转角
    phi1 = 1 * (n - 1);                                 % 构件 1 转角
    t_plot(n) = phi1/phi1_dot1;                         % 运动时间存入数组
    % 以下计算构件 3 转角
    A = - sin(phi1 * hd);                               % 式(3.2-3)中系数 A
    B = l4/l1 - cos(phi1 * hd);                         % 式(3.2-3)中系数 B
    C = (l1^2 + l3^2 + l4^2 - l2^2)/(2 * l1 * l3) - (l4/l3) * cos(phi1 * hd);   % 式(3.2-3)中系数 C
    D = A + M * sqrt(A^2 + B^2 - C^2);                  % 式(3.2-5)中分子
    E = B - C;                                          % 式(3.2-5)中分母
    if (D >= 0)                                         % 条件结构，第一二象限
        phi3 = 2 * atan2(D,E) * du;                     % 构件 3 转角，式(3.2-5)，四象限反正切函数
    else                                                % 第三四象限
        phi3 = 2 * (atan2(D,E) + 2 * pi) * du;    % 构件 3 转角，式(3.2-5)，转换到 0°～360°范围
    end                                                 % 条件结构结束
```

```
    phi3_plot(n) = phi3;                                 % 构件 3 转角存入数组
    % 以下计算构件 2 转角
    F = l3 * sin(phi3 * hd) - l1 * sin(phi1 * hd);       % 式(3.2-6)中分子
    G = l4 + l3 * cos(phi3 * hd) - l1 * cos(phi1 * hd);  % 式(3.2-6)中分母
    if (F >= 0)
        phi2 = (atan2(F,G)) * du;                        % 构件 2 转角,式(3.2-6)
    else
        phi2 = (atan2(F,G) + 2 * pi) * du;
    end                                                  % 条件结构结束
    phi2_plot(n) = phi2;                                 % 构件 2 转角存入数组
    % 以下计算构件角速度
    MA = [ - l2 * sin(phi2 * hd), l3 * sin(phi3 * hd); - l2 * cos(phi2 * hd), l3 * cos(phi3 * hd)];
                                                         % 式(3.2-7)中系数矩阵
    MB = [l1 * sin(phi1 * hd); l1 * cos(phi1 * hd)];     % 式(3.2-7)中系数矩阵
    M_phi_dot1 = A\(phi1_dot1 * hd * MB);                % 求解式(3.2-7)
    phi2_dot1 = M_phi_dot1(1) * du;                      % 构件 2 角速度
    phi2_dot1_plot(n) = phi2_dot1;                       % 构件 2 角速度存入数组
    phi3_dot1 = M_phi_dot1(2) * du;                      % 构件 3 角速度
    phi3_dot1_plot(n) = phi3_dot1;                       % 构件 3 角速度存入数组
    % 以下计算构件角加速度
    MC = MA;                                             % 式(3.2-8)中系数矩阵
    MD = [ - l2 * cos(phi2 * hd), l3 * cos(phi3 * hd); l2 * sin(phi2 * hd), - l3 * sin(phi3 * hd)];
                                                         % 式(3.2-8)中系数矩阵
    ME = [l1 * cos(phi1 * hd); - l1 * sin(phi1 * hd)];   % 式(3.2-8)中系数矩阵
    M_phi_dot2 = MC\(((phi1_dot1 * hd)^2 * ME) - MD * [(phi2_dot1 * hd)^2; (phi3_dot1 * hd)^2]);
                                                         % 求解式(3.2-8)
    phi2_dot2 = M_phi_dot2(1) * du;                      % 构件 2 角加速度
    phi2_dot2_plot(n) = phi2_dot2;                       % 构件 2 角加速度存入数组
    phi3_dot2 = M_phi_dot2(2) * du;                      % 构件 3 角加速度
    phi3_dot2_plot(n) = phi3_dot2;                       % 构件 3 当前角加速度存入数组
end                                                      % 循环结构结束
% 以下绘制结果曲线
figure (1)                                               % 创建绘图窗口 1
set(gcf,'unit','centimeters','position',[1,2,10,10]);    % 设置绘图区的位置与大小
hold on; box on; grid on                                 % 保留历史曲线,显示外框、网格
plot(t_plot,phi2_plot,'-','Linewidth',2);                % 构件 2 角位移曲线
plot(t_plot,phi3_plot,'--','Linewidth',2);               % 构件 3 角位移曲线
title('Angular displacement','FontSize',16);             % 图片标题
xlabel('t (sec)','FontSize',12);                         % 坐标轴标签
ylabel('\phi (deg)','FontSize',12);
legend('\phi_{2}','\phi_{3}');                           % 图例
axis([0 15 0 160]);                                      % 坐标轴取值范围
set(gca,'xtick',0:5:15);                                 % 坐标轴标记点间隔
set(gca,'xticklabel',{0,5,10,15},'FontSize',12);         % 坐标轴标记点显示内容
set(gca,'ytick',0:40:160);
```

```
set(gca,'yticklabel',{0,40,80,120,160},'FontSize',12);
figure (2)                                                  % 创建绘图窗口 2
set(gcf,'unit','centimeters','position',[11,2,10,10]);
hold on; box on; grid on
plot(t_plot,phi2_dot1_plot,'-','Linewidth',2);              % 构件 2 角速度曲线
plot(t_plot,phi3_dot1_plot,'--','Linewidth',2);             % 构件 3 角速度曲线
title('Angular velocity','FontSize',16);
xlabel('t (sec)','FontSize',12);
ylabel('\phi'' (deg/sec)','FontSize',12);
legend('\phi''_{2}','\phi''_{3}');
axis([0 15 -30 30]);
set(gca,'xtick',0:5:15);
set(gca,'xticklabel',{0,5,10,15},'FontSize',12);
set(gca,'ytick',-30:15:30);
set(gca,'yticklabel',{-30,-15,0,15,30},'FontSize',12);
figure (3)                                                  % 创建绘图窗口 3
set(gcf,'unit','centimeters','position',[21,2,10,10]);
hold on; box on; grid on
plot(t_plot,phi2_dot2_plot,'-','Linewidth',2);              % 构件 2 角加速度曲线
plot(t_plot,phi3_dot2_plot,'--','Linewidth',2);             % 构件 3 角加速度曲线
title('Angular acceleration','FontSize',16);
xlabel('t (sec)','FontSize',12);
ylabel('\phi'''' (deg/sec^2)','FontSize',12);
legend('\phi''''_{2}','\phi''''_{3}');
axis([0 15 -15 30]);
set(gca,'xtick',0:5:15);
set(gca,'xticklabel',{0,5,10,15},'FontSize',12);
set(gca,'ytick',-15:15:30);
set(gca,'yticklabel',{-15,0,15,30},'FontSize',12);
```

程序运行输出连杆 2 与摇杆 3 的角位移、角速度及角加速度变化曲线分别如图 3.2-3(a)～(c)所示。

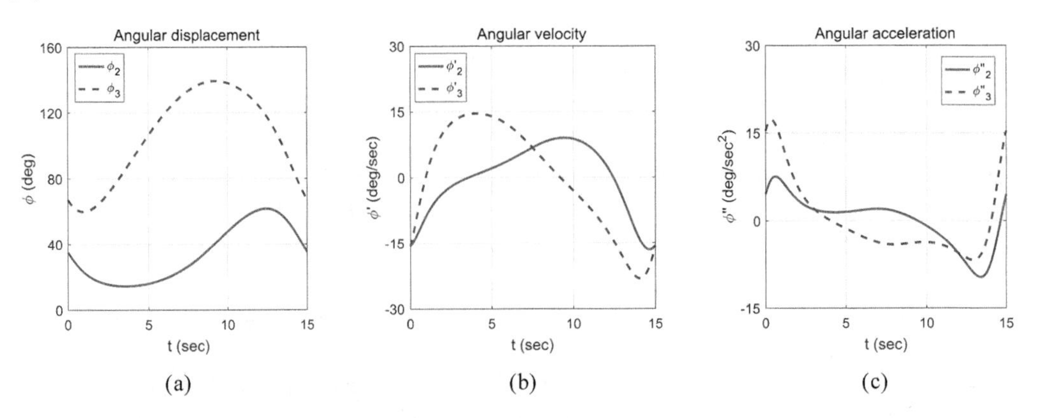

(a) (b) (c)

图 3.2-3 铰链四杆机构 MATLAB 程序运行结果

3.2.3 ADAMS 建模与仿真

针对 3.2.2 小节给定的条件，利用 ADAMS 软件可对机构进行建模并仿真输出各构件角位移、角速度及角加速度的变化曲线，具体操作过程如下。

1. 启动 ADAMS 并设置工作环境

(1) 启动 ADAMS 并创建项目

① 双击“ADAMS VIEW”软件快捷图标，出现“欢迎”界面，单击“新建模型”按钮。

② 转到“创建新模型”对话框，在“模型名称”栏中输入“crank_rocker_mechanism”，在“工作路径”栏选取“D:\”，然后单击“确定”按钮，进入软件操作界面(见图 3.2-4)。

③ 在菜单栏选择“文件”→“保存数据库”命令可对所创建的项目进行保存。

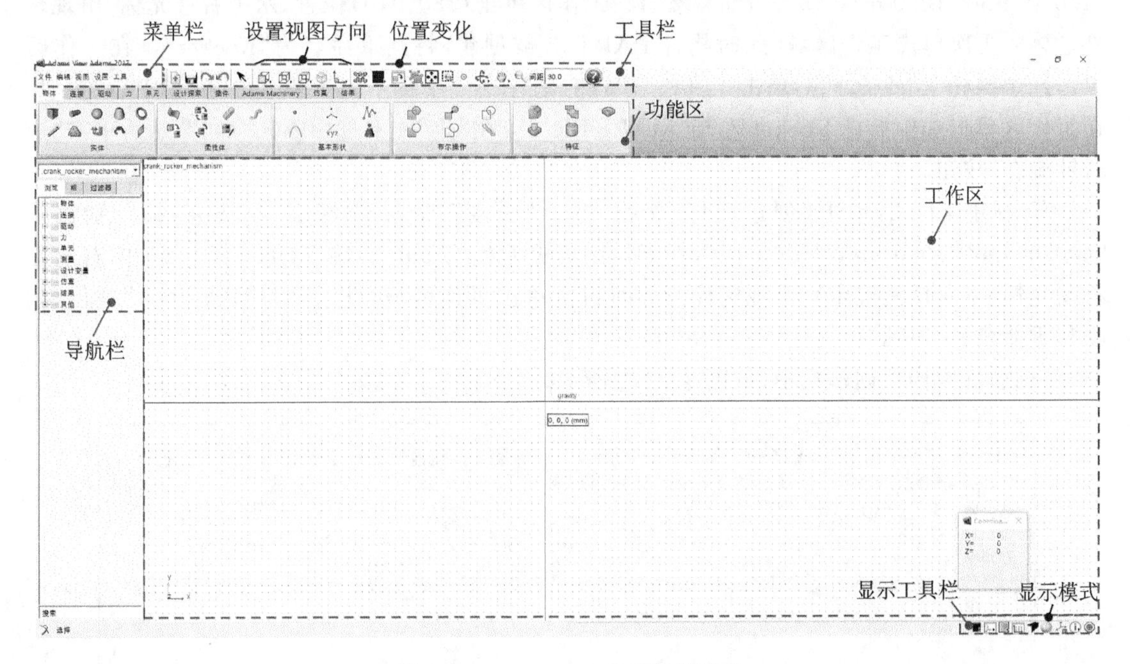

图 3.2-4 ADAMS 软件操作界面

(2) 设置工作环境

① 设置单位：在菜单栏选择“设置”→“单位”，转到“Units Settings”对话框，单击“MMKS”按钮，再单击“确定”按钮。

② 设置工作格栅：在菜单栏选择“设置”“工作格栅”，转到“Working Grid Settings”对话框，将 X 向与 Y 向的“大小”均设置为“1 000 mm”“间隔”均设置为“10 mm”，然后单击“确定”按钮。

③ 设置图标大小：在菜单栏选择“设置”→“图标”，转到“Icon Settings”对话框，在“新的尺寸”栏输入“20”，然后单击“确定”按钮。

④ 打开光标位置显示窗口：在菜单栏选择“视图”→“坐标窗口”，弹出“Coordinates”窗口，移动鼠标，可通过“Coordinates”窗口观察到光标当前坐标值的变化。

⑤ 工作区内视图操作：按住键盘“T”“R”或“Z”键，单击鼠标并拖动，可对视图进行平移、

旋转或缩放操作;单击工具栏中“设置视图方向”按钮,可将视图在不同方向之间切换(工具栏中部分按钮可通过右击展开)。

2. 创建构件

① 创建曲柄 1:在功能区单击“物体”标签,在“实体”组内单击“创建连杆”按钮,在展开的选项区选中“长度”“宽度”“深度”复选框,并在对应文本框中分别输入“150.0 mm”“10.0 mm”“5.0 mm”,然后在工作区单击(0,0,0)位置,水平右移光标,出现构件形体时再次单击工作区域,此时构件 PART_2 被创建(附带生成部分标记点 MARKER)。在工作区右击 PART_2,在下拉菜单中选择“Part: PART_2”“重命名”,展开“Rename”对话框,在“新名称”栏中输入“Crank”,然后单击“确定”按钮(也可在导航栏对所创建对象进行重命名操作)。

② 创建摇杆 3:单击“创建连杆”按钮,选中“长度”“宽度”“深度”复选框,并分别输入“250.0 mm”“10.0 mm”“5.0 mm”,然后在工作区单击(380,0,0)位置,水平右移光标,出现构件形体时再次单击工作区域,此时构件 PART_3 被创建,将其重命名为“Rocker”。在工作区单击选中摇杆 Rocker,然后单击工具栏“位置变化”按钮,在展开选项区单击“旋转中心”按钮;在工作区单击选中摇杆 Rocker 左端“MARKER_3”,在“角”文本框中输入“100”,然后单击“逆时针旋转”按钮。

③ 创建连杆 2:单击“创建连杆”按钮,选中“长度”“宽度”“深度”复选框,并分别输入“400.0 mm”“10.0 mm”“5.0 mm”,在工作区单击曲柄 Crank 右端“MARKER_2”,向右上方移动光标(方向任意确定),出现构件形体时再次单击工作区域,此时构件“PART_4”被创建,将其重命名为“Link”。

至此,机构构件创建完毕,如图 3.2-5 所示。

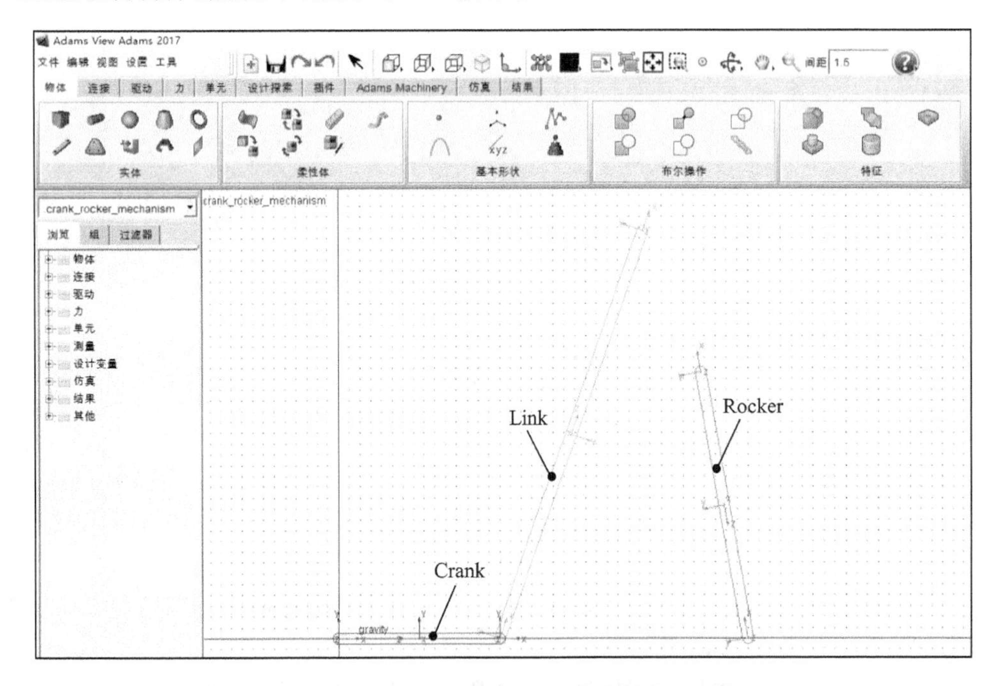

图 3.2-5 曲柄摇杆机构构件的创建

3. 创建运动副、施加运动

① 转动副 A、D:在功能区单击“连接”标签,在“运动副”组内单击“创建转动副”按钮,进入展开选项区,在“构建方式”下拉菜单选择“1 个位置-物体暗指”→“垂直栅格”,在工作区单击曲柄 Crank 左端“MARKER_1”,此时转动副“JOINT_1”被创建,将其重命名为“JOINT_A”。以同样操作在摇杆 Rocker 和大地 Ground 之间创建运动副“JOINT_D”。

② 转动副 B:单击“创建转动副”按钮,在“构建方式”下拉菜单选择“2 个物体-1 个位置”→“垂直栅格”,在工作区依次单击曲柄 Crank 和连杆 Link,再单击曲柄 Crank 右端“MARKER_2”,此时转动副“JOINT_3”被创建,将其重命名为“JOINT_B”。

③ 转动副 C:单击“创建转动副”按钮,在“构建方式”下拉菜单选择“2 个物体 -2 个位置”→“垂直栅格”,在工作区依次单击连杆 Link 和摇杆 Rocker,再依次单击连杆 Link 上端“MARKER_6”和摇杆 Rocker 上端“MARKER_4”,此时转动副“JOINT_4”被创建,将其重命名为“JOINT_C”。

④ 施加运动:在功能区单击“驱动”标签,在“运动副驱动”组内单击“旋转驱动”按钮,进入展开选项区,在“旋转速度”栏内输入“24”(默认单位为(°)/s),在工作区单击“JOINT_A”,此时运动“MOTION_1”被创建,将其重命名为“MOTION_A”。

至此,机构运动副及运动创建完毕,如图 3.2-6 所示。在显示工具栏内单击“显示模式”按钮可对构件进行颜色渲染,通过工具栏内的“设置视图方向”按钮可设置不同视角对所建立的模型进行观察。

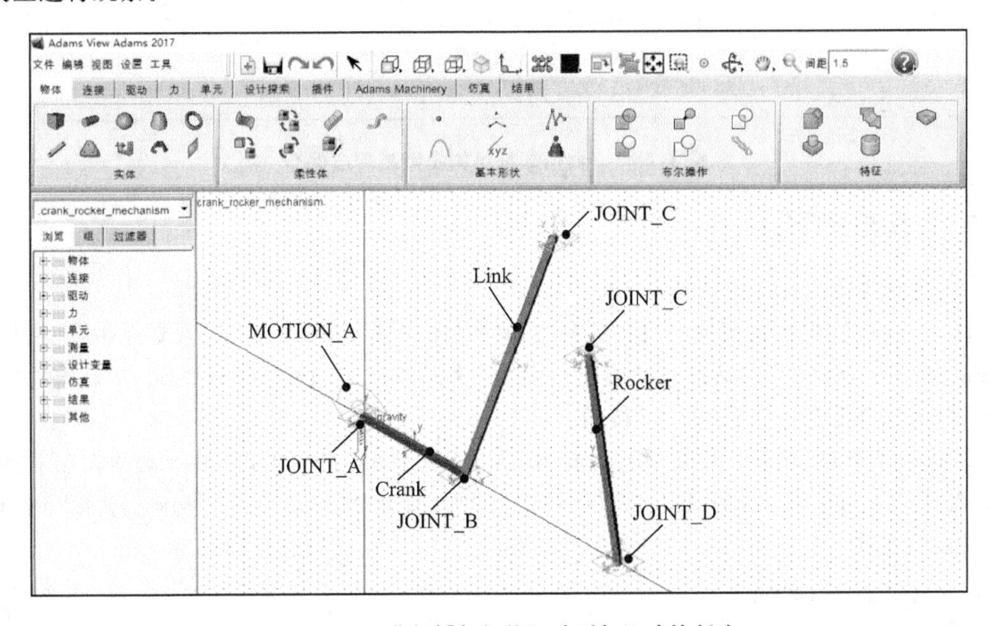

图 3.2-6 曲柄摇杆机构运动副与运动的创建

4. 模型装配与保存

① 装配模型:在功能区单击“仿真”标签,在“仿真分析”组内单击“运行交互仿真”按钮,在展开的“Simulation Control”对话框中,单击“运行初始条件求解”按钮,完成模型装配。

② 保存模型:关闭模型装配后弹出的信息窗口,单击“Simulation Control”对话框中的“保

存模型”按钮，进入“Save Model at Simulation Position”对话框，在“新模型”栏输入“crank_rocker_mechanism_2”，单击“确定”按钮完成模型保存，模型保存后项目中存在装配前后的两个模型，可在导航栏进行模型选择。

至此，机构模型装配与保存完毕，如图 3.2－7 所示。

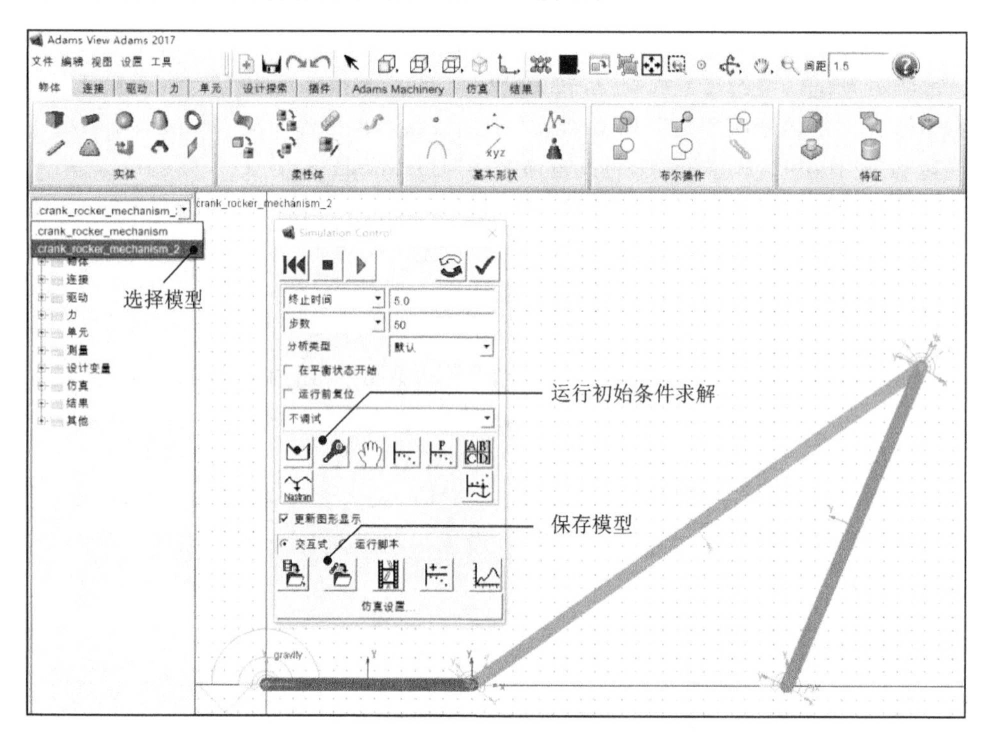

图 3.2－7　曲柄摇杆机构模型装配与保存

5. 仿真与测量

(1) 运行仿真

① 运行仿真：在功能区单击“仿真”标签，在“仿真分析”组内单击“运行交互仿真”按钮，展开“Simulation Control”对话框，在“终止时间”栏输入“15.0”（机构运动周期 15 s），在“步数”栏输入“200”，然后单击“开始仿真”按钮。

② 播放动画：在功能区单击“结果”标签，在“查看结果”组内单击“显示动画控制对话框”按钮，展开“Animation Controls”对话框，单击“动画：前进”“动画：倒退”“动画：停止”等按钮可控制动画的播放。

(2) 测量摇杆 3 转角

① 创建标记点：在功能区单击“物体”标签，在“基本形状”组内单击“基本形状：标记点”按钮，进入展开选项区，在下拉菜单选择“添加到地面”→“全局 XY 平面”，在工作区单击(450,0,0)位置，创建标记点“MARKER_18”。

② 创建角度测量：在功能区单击“设计探索”标签，在“测量”组内单击“创建新的角度测量”按钮，在展开选项区单击“高级”按钮，展开“Angle Measure”对话框，在“测量名称”栏输入“MEA_ANG_3”，右击“开始标记点”栏展开菜单，选择“标记点”→“选取”，在工作区单击选取

摇杆 Rocker 上端“MARKER_4”，通过同样方式在“中间标记点”和“最后标记点”栏分别选取摇杆 Rocker 下端“MARKER_3”和大地上的标记点“MARKER_18”（三点构成被测量的夹角），单击“确定”按钮弹出摇杆转角测量窗口（窗口关闭后可单击工具栏中“视图”→“测量”重新打开）。

(3) 测量连杆 2 转角

① 创建中间角度测量：创建名为“MEA_ANG_2_P”的角度测量，将“开始标记点”“中间标记点”和“最后标记点”分别选取为连杆 Link 下端“MARKER_5”，连杆 Link 上端“MARKER_6”和摇杆下端“MARKER_3”。

② 创建连杆转角测量：在功能区单击“设计探索”标签，在“测量”组内单击“创建新的测量”按钮，进入“Function Builder”对话框，在“创建或修改计算测量”栏输入公式“MEA_ANG_3 - MEA_ANG_2_P”，在“测量名称”栏输入“MEA_ANG_2”，然后单击“确定”按钮，弹出连杆转角测量窗口。

(4) 测量角速度与角加速度

① 创建角速度测量：在工作区右击摇杆 Rocker，在弹出的下拉菜单中选择“Part: Rocker”→“测量”，进入“Part Measure”对话框，在“测量名称”栏输入“MEA_ANG_VEL_3”，在“特征”下拉菜单中选择“质心角速度”，在“分量”处选择“Z”，然后单击“确定”按钮，弹出摇杆角速度测量窗口。利用同样操作创建连杆角速度测量“MEA_ANG_VEL_2”。

② 创建角速度测量：再次进入摇杆 Rocker 的“Part Measure”对话框，在“测量名称”栏输入“MEA_ANG_ACC_3”，在“特征”下拉菜单中选择“质心角加速度”，在“分量”处选择“Z”，然后单击“确定”按钮，弹出摇杆角加速度测量窗口。利用同样操作创建连杆角加速度测量“MEA_ANG_ACC_2”。

在功能区单击“结果”标签，在“后处理”组内单击“Opens ADAMS Postprocessor”按钮，展开“后处理”窗口，在“测量”列表框可选择已创建的测量曲线进行显示与后处理。ADAMS 最终输出的连杆 2 与摇杆 3 的运动曲线如图 3.2-8 所示。在“后处理”窗口还可以将仿真过程产生的动画以视频格式输出，这样可以脱离 ADAMS 环境应用其他媒体播放软件进行仿真结果的播放。本例仿真结果输出视频的截图如图 3.2-9 所示，扫描右侧二维码可观看仿真输出视频。

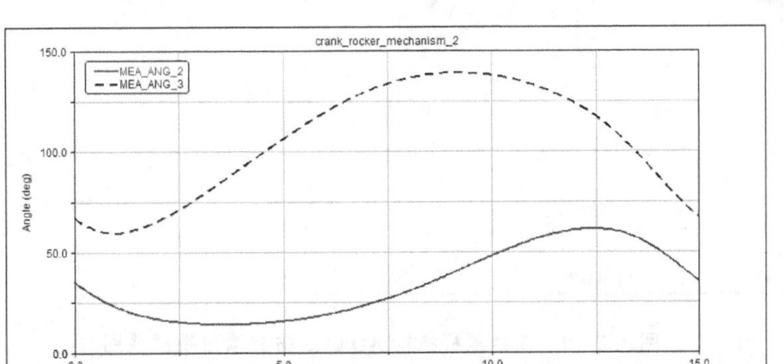

(a)

图 3.2-8 曲柄摇杆机构 ADAMS 仿真结果

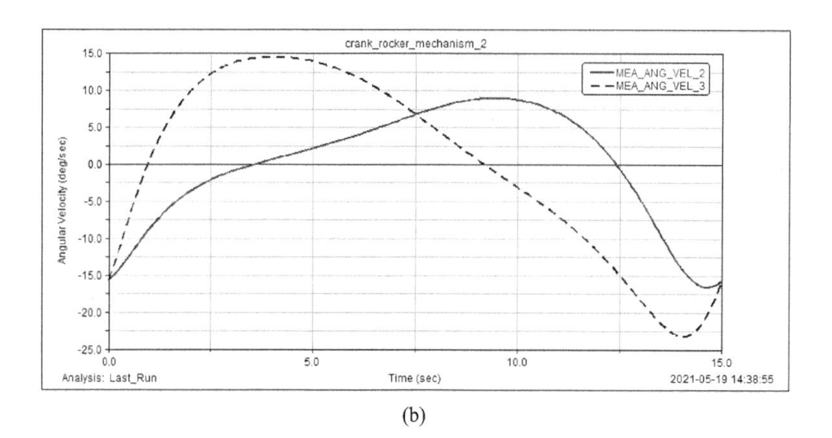

(b)

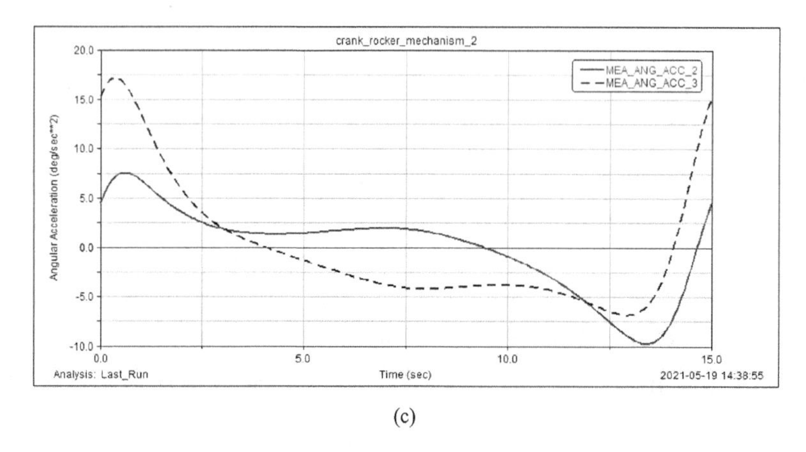

(c)

图 3.2-8 曲柄摇杆机构 ADAMS 仿真结果(续)

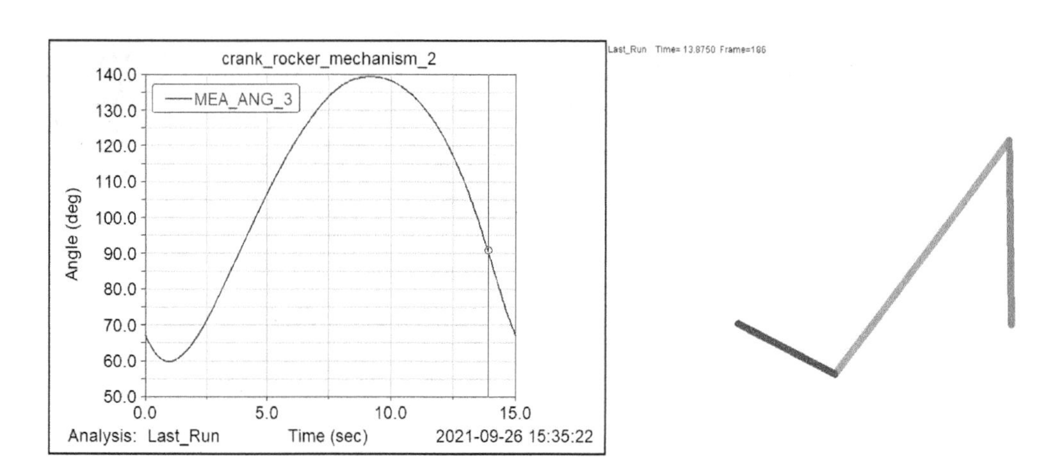

图 3.2-9 曲柄摇杆机构 ADAMS 仿真输出视频截图

3.3 牛头刨床六杆机构的运动分析

3.3.1 数学建模

图 3.3－1 所示的牛头刨床六杆机构由摆动导杆机构 ABC 和摇杆滑块机构 CDE 组成。已知曲柄 1、导杆 3 和连杆 4 的长度分别为 l_1、l_3 和 l_4，固定铰链 A 与 C 之间的距离为 l_6，固定铰链 C 与滑块 5 导路之间的距离为 l'_6。原动件曲柄 1 以角速度 ω_1 匀速转动。运动分析的任务为确定机构中各构件（角）位移、（角）速度及（角）加速度的变化规律。

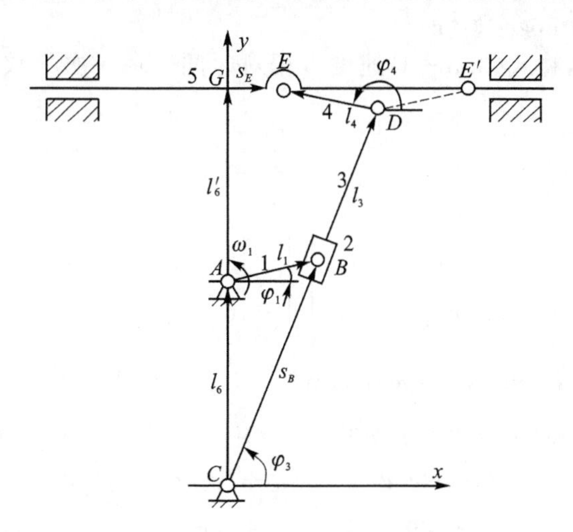

图 3.3－1 牛头刨床六杆机构运动简图

(1) 位移分析

选取导杆 3 上固定铰链 C 的位置为坐标原点，x 轴与机架固连（指向为水平向右）建立坐标系。定义描述构件 1、3 和 4 方位的向量 $\boldsymbol{l}_1$、$\boldsymbol{l}_3$ 和 $\boldsymbol{l}_4$，（转角分别为 φ_1、φ_3 和 φ_4），描述滑块 2 和 5 位移的向量 $\boldsymbol{s}_B$ 和 $\boldsymbol{s}_E$，以及固定向量 $\boldsymbol{l}_6$ 和 $\boldsymbol{l}'_6$。进而，机构的两个封闭矢量方程可建立为

$$\begin{cases} \boldsymbol{l}_6 + \boldsymbol{l}_1 = \boldsymbol{s}_B \\ \boldsymbol{l}_3 + \boldsymbol{l}_4 = \boldsymbol{l}'_6 + \boldsymbol{s}_E \end{cases} \tag{3.3-1}$$

将式(3.3－1)分别向两坐标轴投影，可得位移方程

$$\begin{cases} l_1 \cos\varphi_1 = s_B \cos\varphi_3 \\ l_6 + l_1 \sin\varphi_1 = s_B \sin\varphi_3 \\ l_3 \cos\varphi_3 + l_4 \cos\varphi_4 = s_E \\ l_3 \sin\varphi_3 + l_4 \sin\varphi_4 = l'_6 \end{cases} \tag{3.3-2}$$

给定原动件角位移 $\varphi_1 = \omega_1 t$（t 为机构运动时间），式(3.3－2)位移方程中四个未知数，从动件（角）位移 s_B、φ_3、φ_4 和 s_E 可以求解得到。在求解过程中需要注意，在同样构件长度的条件下，机构有两种装配方式（见图 3.3－1 中的 E 点和 E' 点）。本例利用 MATLAB 求解位移非线性方程组，将通过给定不同初始值对这一问题进行处理。

(2) 速度与加速度分析

求解构件速度时，将式(3.3－2)位移方程对时间 t 求一次导数，并整理为矩阵形式，可得速度方程

$$\begin{bmatrix} \cos\varphi_3 & -s_B\sin\varphi_3 & 0 & 0 \\ \sin\varphi_3 & s_B\cos\varphi_3 & 0 & 0 \\ 0 & -l_3\sin\varphi_3 & -l_4\sin\varphi_4 & -1 \\ 0 & l_3\cos\varphi_3 & l_4\cos\varphi_4 & 0 \end{bmatrix}\begin{bmatrix} \dot{s}_B \\ \dot{\varphi}_3 \\ \dot{\varphi}_4 \\ \dot{s}_E \end{bmatrix} = \begin{bmatrix} -l_1\sin\varphi_1 \\ l_1\cos\varphi_1 \\ 0 \\ 0 \end{bmatrix}\dot{\varphi}_1 \tag{3.3-3}$$

在已确定各构件位移，且已知原动件角速度 $\dot{\varphi}_1=\omega_1$ 的情况下，通过式(3.3－3)速度方程可解得从动件(角)速度 $\dot{s}_B$、$\dot{\varphi}_3$、$\dot{\varphi}_4$ 与 $\dot{s}_E$。

求解构件加速度时，将式(3.3－3)速度方程对时间 t 求一次导数，可得如下加速度方程(已知 $\ddot{\varphi}_1=0$)：

$$\begin{bmatrix} \cos\varphi_3 & -s_B\sin\varphi_3 & 0 & 0 \\ \sin\varphi_3 & s_B\cos\varphi_3 & 0 & 0 \\ 0 & -l_3\sin\varphi_3 & -l_4\sin\varphi_4 & -1 \\ 0 & l_3\cos\varphi_3 & l_4\cos\varphi_4 & 0 \end{bmatrix}\begin{bmatrix} \ddot{s}_B \\ \ddot{\varphi}_3 \\ \ddot{\varphi}_4 \\ \ddot{s}_E \end{bmatrix} =$$

$$-\begin{bmatrix} -\dot{\varphi}_3\sin\varphi_3 & -\dot{s}_B\sin\varphi_3-s_B\dot{\varphi}_3\cos\varphi_3 & 0 & 0 \\ \dot{\varphi}_3\cos\varphi_3 & \dot{s}_B\cos\varphi_3-s_B\dot{\varphi}_3\sin\varphi_3 & 0 & 0 \\ 0 & -l_3\dot{\varphi}_3\cos\varphi_3 & -l_4\dot{\varphi}_4\cos\varphi_4 & 0 \\ 0 & -l_3\dot{\varphi}_3\sin\varphi_3 & -l_4\dot{\varphi}_4\sin\varphi_4 & 0 \end{bmatrix}\begin{bmatrix} \dot{s}_B \\ \dot{\varphi}_3 \\ \dot{\varphi}_4 \\ \dot{s}_E \end{bmatrix} - \begin{bmatrix} l_1\cos\varphi_1 \\ l_1\sin\varphi_1 \\ 0 \\ 0 \end{bmatrix}\dot{\varphi}_1^2$$

(3.3－4)

在已确定构件位移与速度的情况下，通过式(3.3－4)可解得从动件(角)加速度 $\ddot{s}_B$、$\ddot{\varphi}_3$、$\ddot{\varphi}_4$ 和 $\ddot{s}_E$。

3.3.2 MATLAB 程序设计

对于图 3.3－1 所示机构，给定如下参数的取值：$l_1=125$ mm，$l_3=600$ mm，$l_4=150$ mm，$l_6=275$ mm，$l_6'=575$ mm，$\omega_1=60(°)/\mathrm{s}$。基于所建立的数学模型，利用 MATLAB 编写程序并运行可得到机构运动分析的结果。

本例使用 MATLAB 的“fsolve”函数对式(3.3－2)机构的位移方程进行求解。主程序“main_six_bar_mechanism.m”与子程序“f_solve_six_bar_mechanism.m”的代码及注释分别如下。

主程序“main_six_bar_mechanism.m”的代码及注释：

```
clear;                                                    % 清空工作区
% 以下声明全局变量，给定已知数据
global l1 l3 l4 l6 l6p phi1 hd                            % 声明全局变量
l1 = 125; l3 = 600; l4 = 150; l6 = 275; l6p = 575;        % 构件尺寸
phi1_dot1 = 60; phi1_dot2 = 0;                            % 构件 1 的角速度与角加速度
hd = pi/180; du = 180/pi;                                 % 用于弧度与角度单位转换
```

```
%以下进行运动分析计算
for n = 1:361                                              %循环结构,位置间隔 1deg
    %以下进行位置分析计算
    phi1 = 1 * (n - 1);                                    %构件 1 转角
    t_plot(n) = phi1/phi1_dot1;                            %运行时间存入数组
    x0 = [300, 0, 180, - 500];                             %式(3.3-2)方程求解初始值,E 点方案
    % x0 = [300, 0, 180, - 500];                           %式(3.3-2)方程求解初始值,E'点方案
    [x,fval,exitflag] = fsolve('f_solve_six_bar_mechanism',x0);    %解式(3.3-2)非线性方程
    sB = x(1);                                             %构件 2 位移
    phi3 = x(2);                                           %构件 3 转角
    phi4 = x(3);                                           %构件 4 转角
    sE = x(4);                                             %构件 5 位移
    sB_plot(n) = sB;                                       %构件 2 位移存入数组
    phi3_plot(n) = phi3;                                   %构件 3 转角存入数组
    phi4_plot(n) = phi4;                                   %构件 4 转角存入数组
    sE_plot(n) = sE;                                       %构件 5 位移存入数组
    %以下进行速度分析计算
    MA = [cos(phi3 * hd), - sB * sin(phi3 * hd), 0, 0; sin(phi3 * hd), sB * cos(phi3 * hd), 0, 0;...
        0, - l3 * sin(phi3 * hd), - l4 * sin(phi4 * hd), - 1; 0, l3 * cos(phi3 * hd), l4 * cos(phi4
        * hd), 0];                                         %式(3.3-3)中系数矩阵
    MB = [ - l1 * sin(phi1 * hd); l1 * cos(phi1 * hd); 0; 0];     %式(3.3-3)中系数矩阵
    M_phi_dot1 = MA\(MB * (phi1_dot1 * hd));               %求解式(3-3)
    sB_dot1 = M_phi_dot1(1);                               %构件 2 速度
    sB_dot1_plot(n) = sB_dot1;                             %构件 2 速度存入数组
    phi3_dot1 = M_phi_dot1(2) * du;                        %构件 3 角速度
    phi3_dot1_plot(n) = phi3_dot1;                         %构件 3 角速度存入数组
    phi4_dot1 = M_phi_dot1(3) * du;                        %构件 4 角速度
    phi4_dot1_plot(n) = phi4_dot1;                         %构件 4 角速度存入数组
    sE_dot1 = M_phi_dot1(4);                               %构件 5 速度
    sE_dot1_plot(n) = sE_dot1;                             %构件 5 速度存入数组
    %以下进行加速度分析计算
    MC = MA;                                               %式(3.3-4)中系数矩阵
    MD = [ - phi3_dot1 * hd * sin(phi3 * hd), - sB_dot1 * sin(phi3 * hd) - sB * phi3_dot1 * hd * cos
        (phi3 * hd), 0, 0;...
        phi3_dot1 * hd * cos(phi3 * hd), sB_dot1 * cos(phi3 * hd) - sB * phi3_dot1 * hd * sin(phi3 *
        hd), 0, 0;...
        0, - l3 * phi3_dot1 * hd * cos(phi3 * hd), - l4 * phi4_dot1 * hd * cos(phi4 * hd), 0;...
        0, - l3 * phi3_dot1 * hd * sin(phi3 * hd), - l4 * phi4_dot1 * hd * sin(phi4 * hd), 0];
                                                           %式(3.3-4)中系数矩阵
    ME = [l1 * cos(phi1 * hd); l1 * sin(phi1 * hd); 0; 0]; %式(3.3-4)中系数矩阵
    M_phi_dot2 = MC\( - MD * [sB_dot1; phi3_dot1 * hd; phi4_dot1 * hd; sE_dot1] - ME * (phi1_dot1 *
    hd)^2);                                                %求解式(3.3-4)
    sB_dot2 = M_phi_dot2(1);                               %构件 2 加速度
    sB_dot2_plot(n) = sB_dot2;                             %构件 2 加速度存入数组
    phi3_dot2 = M_phi_dot2(2) * du;                        %构件 3 角加速度
```

```
    phi3_dot2_plot(n) = phi3_dot2;                                % 构件 3 角速加度存入数组
    phi4_dot2 = M_phi_dot2(3) * du;                               % 构件 4 角加速度
    phi4_dot2_plot(n) = phi4_dot2;                                % 构件 4 角加速度存入数组
    sE_dot2 = M_phi_dot2(4);                                      % 构件 5 加速度
    sE_dot2_plot(n) = sE_dot2;                                    % 构件 5 加速度存入数组
end                                                               % 循环结构结束
% 以下绘制结果曲线
figure(1)                                                         % 创建绘图窗口 1
set(gcf,'unit','centimeters','position',[1,2,22,12]);
hold on; box on; grid on
[f1_hAx,f1_hLine1,f1_hLine2] = plotyy(t_plot,phi3_plot,t_plot,sE_plot);
                                                                  % (角)位移曲线,双 y 轴
f1_hLine1.LineStyle = '-';
f1_hLine1.LineWidth = 2;
f1_hLine2.LineStyle = '--';
f1_hLine2.LineWidth = 2;
title('Displacement','FontSize',16);
xlabel('t (sec)','FontSize',12);
ylabel(f1_hAx(1),'\phi_{3} (deg)','FontSize',12);
ylabel(f1_hAx(2),'s_{E} (mm)','FontSize',12);
legend('\phi_{3}','s_{E}');
axis(f1_hAx(1),[0 6 0 150]);
set(f1_hAx(1),'xtick',0:1:6);
set(f1_hAx(1),'xticklabel',{0,1,2,3,4,5,6},'FontSize',12);
set(f1_hAx(1),'ytick',0:30:180);
set(f1_hAx(1),'yticklabel',{0,30,60,90,120,150},'FontSize',12);
axis(f1_hAx(2),[0 6 -600 400]);
set(f1_hAx(2),'ytick',-600:200:400);
set(f1_hAx(2),'yticklabel',{-600,-400,-200,0,200,400},'FontSize',12);
figure(2)                                                         % 创建绘图窗口 2
set(gcf,'unit','centimeters','position',[1,2,22,12]);
hold on; box on; grid on
[f2_hAx,f2_hLine1,f2_hLine2] = plotyy(t_plot,phi3_dot1_plot,t_plot,sE_dot1_plot);
                                                                  % (角)速度曲线
f2_hLine1.LineStyle = '-';
f2_hLine1.LineWidth = 2;
f2_hLine2.LineStyle = '--';
f2_hLine2.LineWidth = 2;
title('Velocity','FontSize',16);
xlabel('t (sec)','FontSize',12);
ylabel(f2_hAx(1),'\phi''_{3} (deg/sec)','FontSize',12);
ylabel(f2_hAx(2),'s''_{E} (mm/sec)','FontSize',12);
legend('\phi''_{3}','s''_{E}');
axis(f2_hAx(1),[0 6 -80 40]);
set(f2_hAx(1),'xtick',0:1:6);
```

```
set(f2_hAx(1),'xticklabel',{0,1,2,3,4,5,6},'FontSize',12);
set(f2_hAx(1),'ytick', - 80:20:40);
set(f2_hAx(1),'yticklabel',{ - 80, - 60, - 40, - 20,0,20,40},'FontSize',12);
axis(f2_hAx(2),[0 6 - 400 800]);
set(f2_hAx(2),'ytick', - 400:200:800);
set(f2_hAx(2),'yticklabel',{ - 400, - 200,0,200,400,600,800},'FontSize',12);
figure(3)                                          % 创建绘图窗口 3
set(gcf,'unit','centimeters','position',[1,2,22,12]);
hold on; box on; grid on
[f3_hAx,f3_hLine1,f3_hLine2] = plotyy(t_plot,phi3_dot2_plot,t_plot,sE_dot2_plot);
                                                   % (角)加速度曲线
f3_hLine1.LineStyle = '-';
f3_hLine1.LineWidth = 2;
f3_hLine2.LineStyle = '--';
f3_hLine2.LineWidth = 2;
title('Acceleration','FontSize',16);
xlabel('t (sec)','FontSize',12);
ylabel(f3_hAx(1),'\phi''''_{3} (deg/sec^2)','FontSize',12);
ylabel(f3_hAx(2),'s''''_{E} (mm/sec^2)','FontSize',12);
legend('\phi''''_{3}','s''''_{E}');
axis(f3_hAx(1),[0 6 - 90 90]);
set(f3_hAx(1),'xtick',0:1:6);
set(f3_hAx(1),'xticklabel',{0,1,2,3,4,5,6},'FontSize',12);
set(f3_hAx(1),'ytick', - 90:30:90);
set(f3_hAx(1),'yticklabel',{ - 90, - 60, - 30,0,30,60,90},'FontSize',12);
axis(f3_hAx(2),[0 6 - 900 900]);
set(f3_hAx(2),'ytick', - 900:300:900);
set(f3_hAx(2),'yticklabel',{ - 900, - 600, - 300,0,300,600,900},'FontSize',12);
```

子程序“f_solve_six_bar_mechanism.m”的代码及注释：

```
function F1 = f_solve_six_bar_mechanism( x )
% 以下声明全局变量
global l1 l3 l4 l6 l6p phi1 hd
% 以下定义方程中的未知数
sB = x(1);                               % 构件 2 位移
phi3 = x(2);                             % 构件 3 转角
phi4 = x(3);                             % 构件 4 转角
sE = x(4);                               % 构件 5 位移
% 以下建立方程,式(3.3 - 2)
F1(1) = l1 * cos(phi1 * hd) - sB * cos(phi3 * hd);
F1(2) = l6 + l1 * sin(phi1 * hd) - sB * sin(phi3 * hd);
F1(3) = l3 * cos(phi3 * hd) + l4 * cos(phi4 * hd) - sE;
F1(4) = l3 * sin(phi3 * hd) + l4 * sin(phi4 * hd) - l6p;
end
```

在主程序中，求解机构位置非线性方程时给出了两组可选的初始值，分别与图 3.3－1 中的 E 点和 E'点装配方案相对应。针对 E 点装配方案，程序运行输出导杆 3 与滑块 5 的(角)位移、(角)速度及(角)加速度变化曲线分别如图 3.3－2(a)～(c)所示。

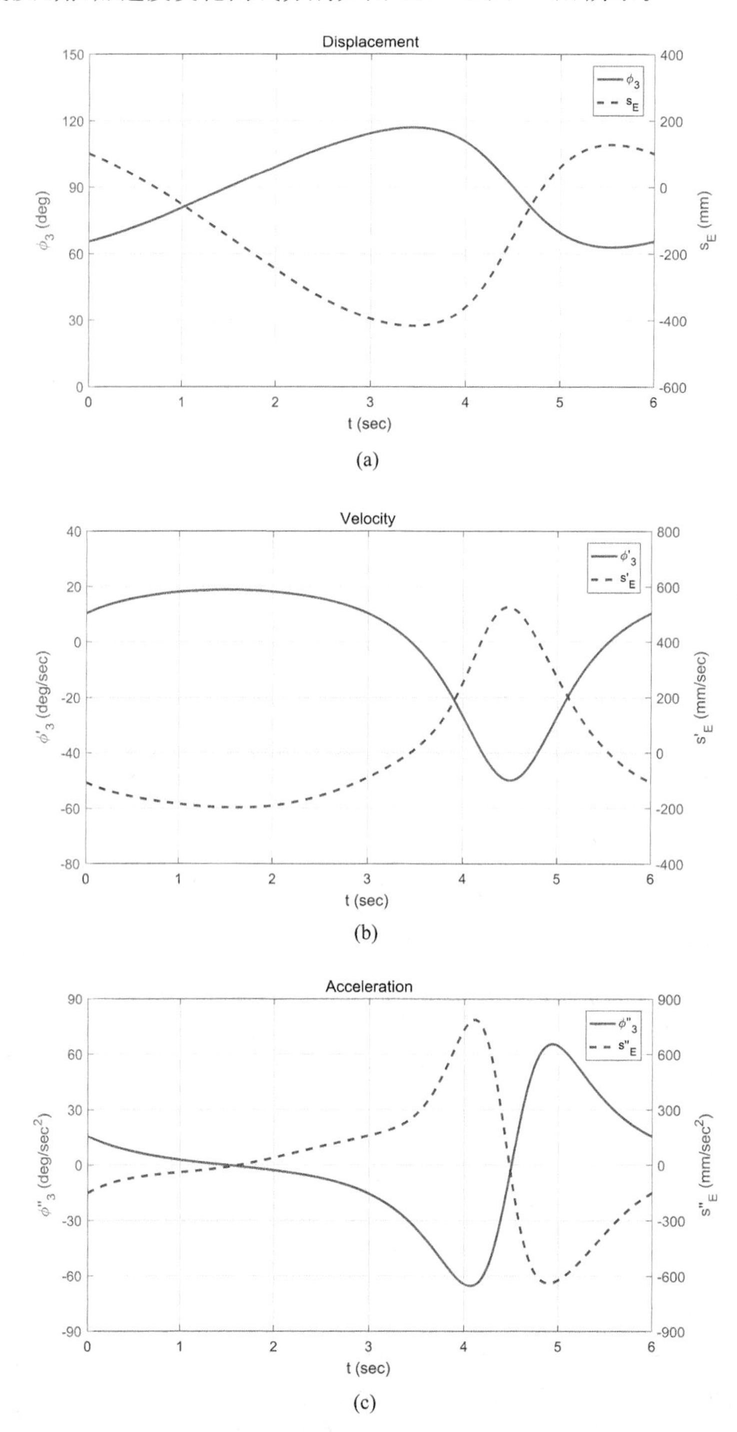

(a)

(b)

(c)

图 3.3－2　牛头刨床六杆机构的 MATLAB 程序运行结果

3.3.3 ADAMS建模与仿真

针对3.3.2小节给定的条件，利用ADAMS软件可对机构进行建模并仿真输出导杆3与滑块5的(角)位移、(角)速度及(角)加速度的变化曲线，具体操作过程如下。

1. 创建项目并设置工作环境

(1) 启动ADAMS

① 启动ADAMS，创建名为“six_bar_mechanism”的新项目并保存。

② 将单位设置为“MMKS”，工作栅格X向与Y向大小设置为“1 000 mm”，间隔设置为“10 mm”，图标大小设置为“20”，打开光标位置显示窗口。

(2) 创建构件

① 创建曲柄1：单击“创建连杆”按钮，选中“长度”“宽度”“深度”复选框，并分别输入“125.0 mm”“10.0 mm”“5.0 mm”，然后在工作区单击(275,0,0)位置，竖直下移光标，出现构件形体时再次单击工作区域，此时构件“PART_2”被创建，将其重命名为“Crank”。

② 创建滑块2：在功能区单击“物体”标签，在“实体”组内单击“创建立方体”按钮，选中“长度”“宽度”“深度”复选框，并分别输入“40.0 mm”“60.0 mm”“5.0 mm”，然后在工作区单击(−20,120,0)位置，此时构件“PART_3”被创建，将其重命名为“Slider_B”。

③ 创建导杆3：单击“创建连杆”按钮，选中“长度”“宽度”“深度”复选框，并分别输入“600.0 mm”“10.0 mm”“5.0 mm”，然后在工作区单击(0,0,0)位置，竖直上移光标，出现构件形体时再次单击工作区域，此时构件“PART_4”被创建，将其重命名为“Guidebar”。

④ 创建滑块5：单击“创建立方体”按钮后，选中“长度”“宽度”“深度”复选框，并分别输入“60.0 mm”“40.0 mm”“5.0 mm”，然后在工作区单击(−180,555,0)位置，此时构件“PART_5被创建”，将其重命名为“Slider_E”。在工作区单击选中滑块“Slider_E”，单击工具栏中“位置变化”按钮，进入展开选项区，在“距离”栏中输入“2”，然后单击“向右平移”按钮。

⑤ 创建连杆4：单击“创建连杆”按钮，选中“宽度”“深度”复选框，并分别输入“10.0 mm”“5.0 mm”，在工作区依次单击导杆Guidebar上端的“Marker_5”和滑块“Slider_E”中心标记点cm，此时构件“PART_6”被创建，将其重命名为“Link”。(按精确长度创建连杆4可参考3.2节中介绍的方法)

3. 创建运动副、施加运动

① 转动副*A*、*B*1、*C*、*D*、*E*：单击“创建转动副”按钮，在“构建方式”下拉菜单中选择“2个物体-1个位置”→“垂直栅格”，然后在工作区依次单击曲柄Crank和大地Ground，再单击选择曲柄Crank上端的“MARKER_1”，此时转动副“JOINT_1”被创建，将其重命名为“JOINT_A”。以同样操作在曲柄Crank与滑块Slider_B之间创建转动副“JOINT_B1”(位于曲柄Crank下端的“MARKER_2”)，在导杆Guidebar与大地Ground之间创建转动副“JOINT_C”(位于导杆Guidebar下端的“MARKER_4”)，在导杆Guidebar与连杆Link之间创建转动副“JOINT_D”(位于导杆Guidebar上端的“MARKER_5”)，在连杆Link与滑块Slider_E之间创建转动副“JOINT_E”(位于滑块Slider_E中心标记点cm)。在工作区选取构件、标记点等对象的过程中，可将光标放到目标位置附近，通过右键下拉菜单进行对象的精确选取。

② 移动副*B*2、*F*：在功能区单击“连接”标签，在“运动副”组内单击“创建移动副”按钮，进

入展开选项区，在“构建方式”下拉菜单选择“2 个物体—1 个位置”→“选取几何特征”，然后在工作区依次单击滑块 Slider_B 和导杆 Guidebar，再单击滑块 Slider_E 中心标记点 cm，竖直上移光标，当光标窗口出现“cm. Z”时再次单击工作区域，此时移动副“JOINT_6”被创建，将其重命名为“JOINT_B2”。以同样的操作在滑块 Slider_E 和大地 Ground 之间创建移动副“JOINT_F”，创建过程在工作区依次单击滑块 Slider_E 和大地 Ground，再单击滑块 Slider_E 中心标记点 cm，水平左移光标，当光标窗口出现“cm. Z”时再次单击工作区域。

③ 施加运动：单击“旋转驱动”按钮，在“旋转速度”栏内输入“60”，在工作区单击“JOINT_A”，此时运动“MOTION_1”被创建，将其重命名为“MOTION_A”。

至此，机构构件、运动副及运动创建完毕，如图 3.3－3 所示。

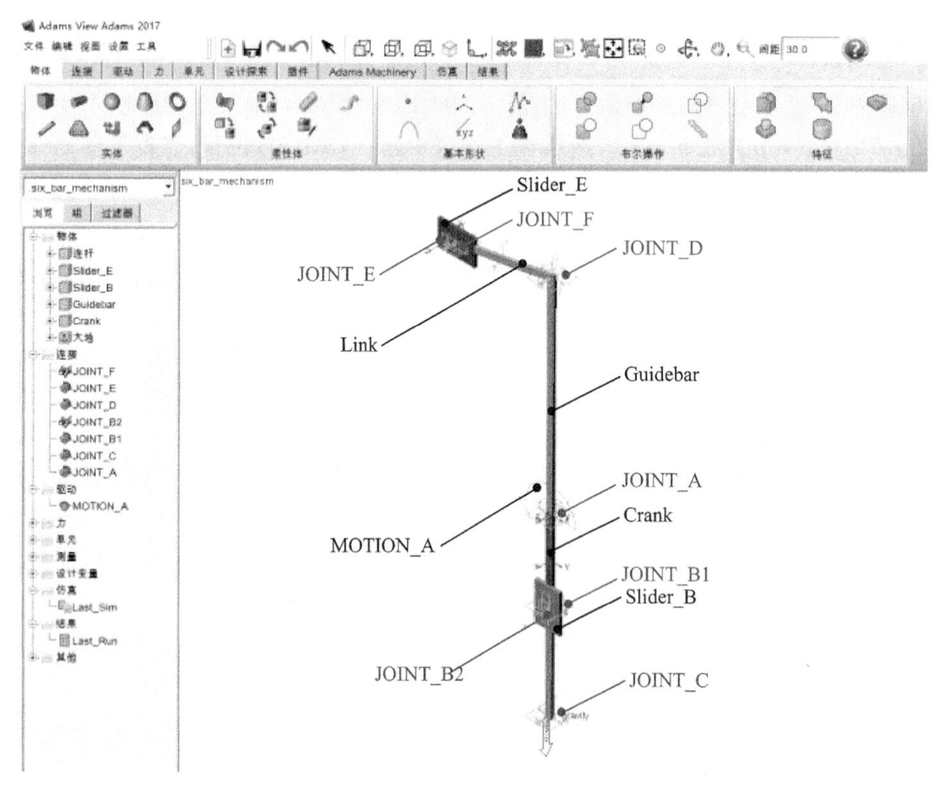

图 3.3－3　牛头刨床六杆机构构件、运动副与运动的创建

4. 仿真与测量

① 运行仿真：在功能区单击“仿真”标签，在“仿真分析”组内单击“运行交互仿真”按钮，展开“Simulation Control”对话框，在“终止时间”栏输入“6. 0”，在“步数”栏输入“400”，然后单击“开始仿真”按钮。

② 创建标记点：在功能区单击“物体”标签，在“基本形状”组内单击“基本形状：标记点”按钮，在展开选项区选择“添加到地面”→“全局 XY 平面”，然后在工作区单击(200，0，0)位置，创建标记点“MARKER_22”。

③ 创建导杆 3 转角测量：单击“创建新的角度测量”按钮，创建名为“MEA_ANG_3”的角度测量，“开始标记点”“中间标记点”和“最后标记点”分别选取导杆 Guidebar 上端的“MARKER_4”、下端的“MARKER_3”和大地 Ground 的“MARKER_22”。

④ 创建导杆 3 角速度与角加速度测量：在工作区右击导杆 Guidebar，通过弹出的下拉菜单进入“Part Measure”对话框，分别创建名为“MEA_ANG_VEL_3”和“MEA_ANG_ACC_3”的测量，“特征”分别选择“质心角速度”和“质心角加速度”，“分量”均选择“Z”。

⑤ 创建滑块 5 位移、速度与加速度的测量：在工作区右击滑块 Slider_E，通过弹出的下拉菜单进入“Part Measure”对话框，分别创建名为“MEA_DIS_E”“MEA_VEL_E”和“MEA_ACC_E”的测量，“特征”分别选择“质心位置”“质心速度”和“质心加速度”，“分量”均选择“X”。

ADAMS 最终输出的导杆 3 和滑块 5 的运动曲线如图 3.3－4(a)～(c)所示。仿真结果输出视频的截图如图 3.3－5 所示，扫描二维码可观看仿真输出视频。

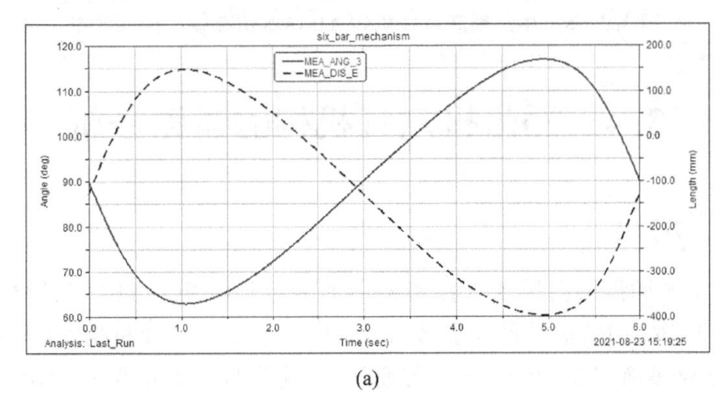

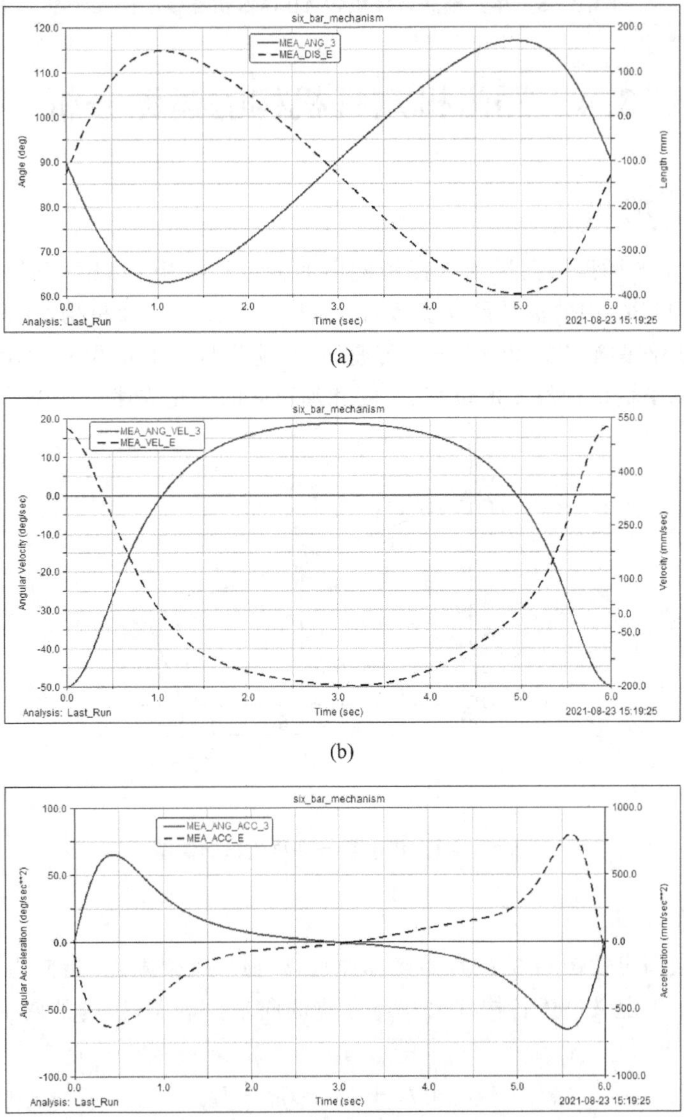

(a)

(b)

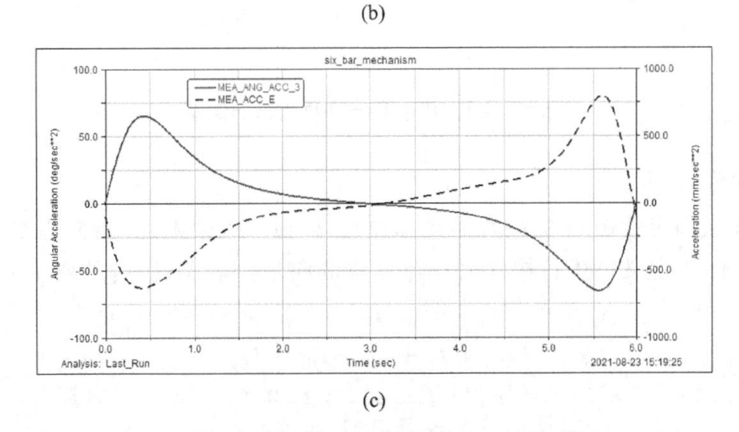

(c)

图 3.3－4　牛头刨床六杆机构 ADAMS 仿真结果

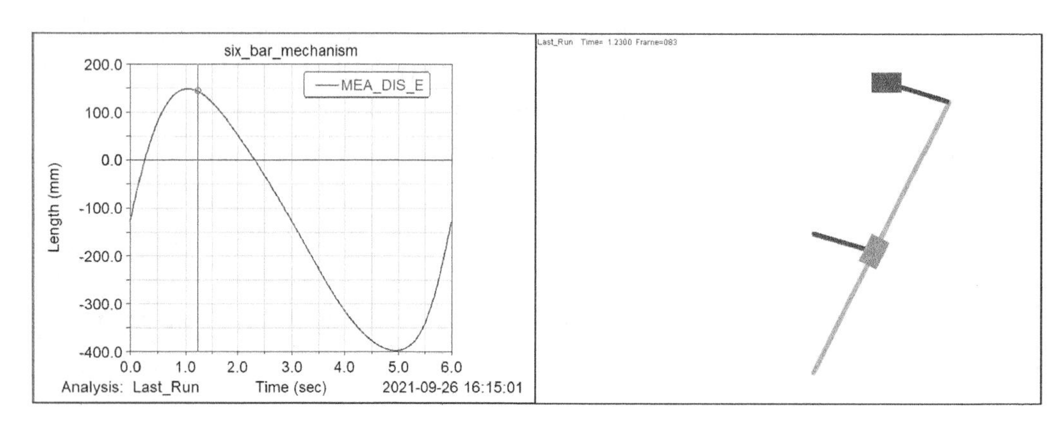

图 3.3-5　牛头刨床六杆机构 ADAMS 仿真输出视频截图

3.4　插齿机六杆机构的运动分析

3.4.1　数学建模

图 3.4-1 所示的插齿机主运动六杆机构由曲柄摇杆机构 $OABC$ 和摇杆滑块机构 CDE 组成。已知机构 $OABC$ 中的构件尺寸参数 l_1、l_2、l_{31}、l_{Cx}、l_{Cy}，以及机构 CDE 中的构件尺寸参数 l_{32}、l_4、l_E。原动件曲柄 1 以角速度 ω_1 匀速转动，输出构件 5 的位移表示为 s_E。运动分析的任务为确定机构中输出构件 5 的位移、速度和加速度的变化规律。

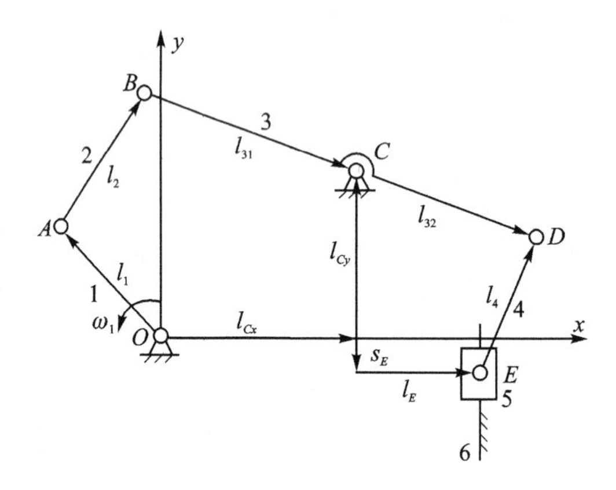

图 3.4-1　插齿机六杆机构运动简图

(1) 位移分析

选取曲柄 1 上固定铰链 O 的位置为坐标原点，x 轴与机架固连（指向为水平向右）建立坐标系，并如图 3.4-1 定义描述各构件尺寸与方位的向量。进而，机构的两个封闭矢量方程可建立为

$$\begin{cases}\boldsymbol{l}_1+\boldsymbol{l}_2+\boldsymbol{l}_{31}=\boldsymbol{l}_{Cx}+\boldsymbol{l}_{Cy}\\ \boldsymbol{l}_{Cy}+\boldsymbol{l}_{32}=\boldsymbol{s}_E+\boldsymbol{l}_E+\boldsymbol{l}_4\end{cases}\tag{3.4-1}$$

设各构件的方向角为 φ_i，将式(3.4-1)分别向两坐标轴投影，可得位移方程为

$$\begin{cases} l_1\cos\varphi_1 + l_2\cos\varphi_2 + l_{31}\cos\varphi_3 = l_{Cx} \\ l_1\sin\varphi_1 + l_2\sin\varphi_2 + l_{31}\sin\varphi_3 = l_{Cy} \\ l_{32}\cos\varphi_3 = l_E + l_4\cos\varphi_4 \\ l_{Cy} + l_{32}\sin\varphi_3 = s_E + l_4\sin\varphi_4 \end{cases} \tag{3.4-2}$$

给定原动件角位移 $\varphi_1=\omega_1 t$(t 为机构运动时间),式(3.4-2)位移方程中四个未知数,从动件(角)位移 φ_2、φ_3、φ_4 和 s_E 可以求解得到。利用 MATLAB 求解此位移非线性方程组时,同样需要注意通过给定初始值对机构的不同装配方式进行筛选。

(2) 速度与加速度分析

求解构件速度时,将式(3.4-2)位移方程对时间 t 求一次导数,并整理为矩阵形式,可得速度方程

$$\begin{bmatrix} l_2\sin\varphi_2 & l_{31}\sin\varphi_3 & 0 & 0 \\ l_2\cos\varphi_2 & l_{31}\cos\varphi_3 & 0 & 0 \\ 0 & l_{32}\sin\varphi_3 & -l_4\sin\varphi_4 & 0 \\ 0 & l_{32}\cos\varphi_3 & -l_4\cos\varphi_4 & -1 \end{bmatrix} \begin{bmatrix} \dot\varphi_2 \\ \dot\varphi_3 \\ \dot\varphi_4 \\ \dot s_E \end{bmatrix} = \begin{bmatrix} -l_1\sin\varphi_1 \\ -l_1\cos\varphi_1 \\ 0 \\ 0 \end{bmatrix} \dot\varphi_1 \tag{3.4-3}$$

在已确定各构件位移,且已知原动件角速度 $\dot\varphi_1=\omega_1$ 的情况下,通过式(3.4-3)速度方程可解得从动件(角)速度 $\dot\varphi_2$、$\dot\varphi_3$、$\dot\varphi_4$ 与 $\dot s_E$。

求解构件加速度时,将式(3.4-3)速度方程对时间 t 求一次导数,可得加速度方程(已知 $\ddot\varphi_1=0$)

$$\begin{aligned} &\begin{bmatrix} l_2\sin\varphi_2 & l_{31}\sin\varphi_3 & 0 & 0 \\ l_2\cos\varphi_2 & l_{31}\cos\varphi_3 & 0 & 0 \\ 0 & l_{32}\sin\varphi_3 & -l_4\sin\varphi_4 & 0 \\ 0 & l_{32}\cos\varphi_3 & -l_4\cos\varphi_4 & -1 \end{bmatrix} \begin{bmatrix} \ddot\varphi_2 \\ \ddot\varphi_3 \\ \ddot\varphi_4 \\ \ddot s_E \end{bmatrix} = \\ &-\begin{bmatrix} l_2\cos\varphi_2 & l_{31}\cos\varphi_3 & 0 & 0 \\ -l_2\sin\varphi_2 & -l_{31}\sin\varphi_3 & 0 & 0 \\ 0 & l_{32}\cos\varphi_3 & -l_4\cos\varphi_4 & 0 \\ 0 & -l_{32}\sin\varphi_3 & l_4\sin\varphi_4 & 0 \end{bmatrix} \begin{bmatrix} \dot\varphi_2^2 \\ \dot\varphi_3^2 \\ \dot\varphi_4^2 \\ \dot s_E^2 \end{bmatrix} + \begin{bmatrix} -l_1\cos\varphi_1 \\ l_1\sin\varphi_1 \\ 0 \\ 0 \end{bmatrix} \dot\varphi_1^2 \end{aligned} \tag{3.4-4}$$

在已确定构件位移与速度的情况下,通过式(3.4-4)可解得从动件(角)加速度 $\ddot\varphi_2$、$\ddot\varphi_3$、$\ddot\varphi_4$ 和 $\ddot s_E$。

3.4.2 MATLAB 程序设计

对于图 3.4-1 所示机构,给定如下参数的取值:$l_1=80$ mm,$l_2=120$ mm,$l_{31}=160$ mm,$l_{32}=140$ mm,$l_4=110$ mm,$l_{Cx}=140$ mm,$l_{Cy}=120$ mm,$l_E=80$ mm,$\omega_1=30(°)/\mathrm{s}$。基于所建立的数学模型,利用 MATLAB 编写程序并运行可得到机构运动分析的结果。

本例同样使用 MATLAB 的“fsolve”函数对式(3.4-2)机构的位移方程进行求解。主程序“main_six_bar_mechanism.m”与子程序“f_solve_six_bar_mechanism.m”的代码及注释分别如下。

主程序“main_six_bar_mechanism.m”的代码及注释：

```
clear;                                                              % 清空工作区
% 以下声明全局变量,给定已知数据
global l1 l2 l31 l32 l4 lCx lCy lE phi1 hd                          % 全局变量
l1 = 80; l2 = 120; l31 = 160; l32 = 140; l4 = 110; lCx = 140; lCy = 120; lE = 80;   % 构件尺寸
phi1_dot1  = 30; phi1_dot2 = 0;                                     % 构件 1 的角速度与角加速度
hd = pi/180; du = 180/pi;                                           % 用于弧度与角度单位转换
% 以下进行运动分析计算
for n = 1:361                                                       % 循环结构,位置间隔 1deg
   % 以下进行位置分析计算
   phi1 = 1 * (n-1);                                                % 构件 1 转角
   t_plot(n) = phi1/phi1_dot1;                                      % 运行时间存入数组
   x0 = [90, 0, 45, -100];                                          % 式(3.4-2)非线性方程初始值
   [x,fval,exitflag] = fsolve('f_solve_six_bar_mechanism',x0);   % 解式(3.4-2)非线性方程
   phi2 = x(1);                                                     % 构件 2 转角
   phi3 = x(2);                                                     % 构件 3 转角
   phi4 = x(3);                                                     % 构件 4 转角
   sE = x(4);                                                       % 构件 5 位移
   sE_plot(n) = sE;                                                 % 构件 5 位移存入数组
   % 以下进行速度分析计算
   MA =  [l2 * sin(phi2 * hd), l31 * sin(phi3 * hd), 0, 0; l2 * cos(phi2 * hd), l31 * cos(phi3 * hd),
        0, 0;...
                                                                    % 式(3.4-3)中系数矩阵
       0, l32 * sin(phi3 * hd), -l4 * sin(phi4 * hd), 0; 0, l32 * cos(phi3 * hd), -l4 * cos(phi4
        * hd), -1];
   MB = [-l1 * sin(phi1 * hd); -l1 * cos(phi1 * hd); 0; 0];   % 式(3.4-3)中系数矩阵
   M_phi_dot1 = MA\(MB * (phi1_dot1 * hd));                         % 求解式(3.4-3)
   phi2_dot1 = M_phi_dot1(1) * du;;                                 % 构件 2 角速度
   phi3_dot1 = M_phi_dot1(2) * du;                                  % 构件 3 角速度
   phi4_dot1 = M_phi_dot1(3) * du;                                  % 构件 4 角速度
   sE_dot1 = M_phi_dot1(4);                                         % 构件 5 速度
   sE_dot1_plot(n) = sE_dot1;                                       % 构件 5 速度存入数组
   % 以下进行加速度分析计算
   MC = MA;                                                         % 式(3.4-4)中系数矩阵
   MD = [l2 * cos(phi2 * hd), l31 * cos(phi3 * hd), 0, 0;...      % 式(3.4-4)中系数矩阵
        -l2 * sin(phi2 * hd), -l31 * sin(phi3 * hd), 0, 0;...
        0, l32 * cos(phi3 * hd), -l4 * cos(phi4 * hd), 0;...
        0, -l32 * sin(phi3 * hd), l4 * sin(phi4 * hd), 0];
   ME = [-l1 * cos(phi1 * hd); l1 * sin(phi1 * hd); 0; 0];        % 式(3.4-4)中系数矩阵
   MF = [(phi2_dot1 * hd)^2; (phi3_dot1 * hd)^2; (phi4_dot1 * hd)^2; (sE_dot1)^2];
                                                                    % 式(3.4-4)中速度平方矩阵
   M_phi_dot2 = MC\((phi1_dot1 * hd)^2 * ME - MD * MF);            % 求解式(3.4-4)
```

```
    phi2_dot2 = M_phi_dot2(1) * du;                      % 构件 2 角加速度
    phi3_dot2 = M_phi_dot2(2) * du;                      % 构件 3 角加速度
    phi4_dot2 = M_phi_dot2(3) * du;                      % 构件 4 角加速度
    sE_dot2 = M_phi_dot2(4);                             % 构件 5 加速度
    sE_dot2_plot(n) = sE_dot2;                           % 构件 5 加速度存入数组
end                                                      % 循环结构结束
% 以下绘制结果曲线
figure(1)                                                % 创建绘图窗口 1
set(gcf,'unit','centimeters','position',[1,2,10,10]);
hold on; box on; grid on
plot(t_plot,sE_plot,'-','Linewidth',2);                  % 构件 5 位移曲线
title('Displacement','FontSize',16);
xlabel('t (sec)','FontSize',12);
ylabel('s_{E} (mm)','FontSize',12);
axis([0 12 -60 100]);
set(gca,'xtick',0:4:12);
set(gca,'xticklabel',{0,4,8,12},'FontSize',12);
set(gca,'ytick',-60:30:90);
set(gca,'yticklabel',{-60,-30,0,30,60,90},'FontSize',12);
figure(2)                                                % 创建绘图窗口 2
set(gcf,'unit','centimeters','position',[1,2,10,10]);
hold on; box on; grid on
plot(t_plot,sE_dot1_plot,'-','Linewidth',2);             % 构件 5 速度曲线
title('Velocity','FontSize',16)
xlabel('t (sec)','FontSize',12)
ylabel('s''_{E} (mm/s)','FontSize',12)
axis([0 12 -80 80]);
set(gca,'xtick',0:4:12);
set(gca,'xticklabel',{0,4,8,12},'FontSize',12);
set(gca,'ytick',-80:40:80);
set(gca,'yticklabel',{-80,-40,0,40,80},'FontSize',12);
figure(3)                                                % 创建绘图窗口 3
set(gcf,'unit','centimeters','position',[1,2,10,10]);
hold on; box on; grid on
plot(t_plot,sE_dot2_plot,'-','Linewidth',2);             % 构件 5 加速度曲线
title('Acceleration','FontSize',16)
xlabel('t (sec)','FontSize',12)
ylabel('s''''_{E} (mm/s^2)','FontSize',12)
axis([0 12 -40 60]);
set(gca,'xtick',0:4:12);
set(gca,'xticklabel',{0,4,8,12},'FontSize',12);
set(gca,'ytick',-40:20:60);
set(gca,'yticklabel',{-40.-20,0,20,40,60},'FontSize',12);
```

子程序“f_solve_six_bar_mechanism.m”的代码及注释：

```
function F1 = f_solve_six_bar_mechanism( x )
% 以下声明全局变量
global l1 l2 l31 l32 l4 lCx lCy lE phi1 hd
% 以下定义方程中的未知数
phi2 = x(1);                                    % 构件 2 转角
phi3 = x(2);                                    % 构件 3 转角
phi4 = x(3);                                    % 构件 4 转角
sE = x(4);                                      % 构件 5 位移
% 以下建立方程,式(3.4-2)
F1(1) = l1 * cos(phi1 * hd) + l2 * cos(phi2 * hd) + l31 * cos(phi3 * hd) - lCx;
F1(2) = l1 * sin(phi1 * hd) + l2 * sin(phi2 * hd) + l31 * sin(phi3 * hd) - lCy;
F1(3) = l32 * cos(phi3 * hd) - lE - l4 * cos(phi4 * hd);
F1(4) = lCy + l32 * sin(phi3 * hd) - sE - l4 * sin(phi4 * hd);
end
```

在主程序中，通过非线性方程初始值的给定对机构的装配方式进行了筛选，程序运行输出构件5的位移、速度及加速度变化曲线分别如图3.4-2(a)～(c)所示。

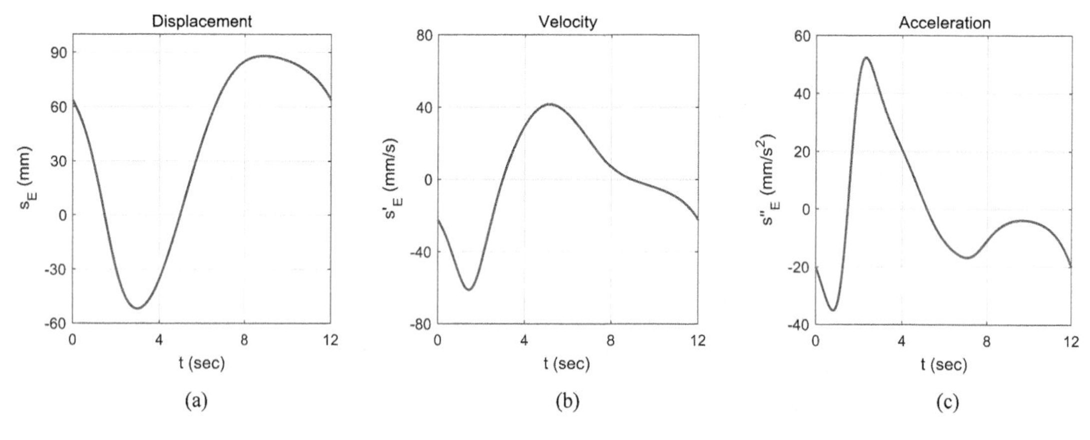

图3.4-2 插齿机六杆机构的MATLAB程序运行结果

3.4.3 ADAMS建模与仿真

针对3.4.2小节给定的条件，利用ADAMS软件可对机构进行建模并仿真输出滑块5的位移、速度及加速度的变化曲线，具体操作过程如下。

1. 创建项目并设置工作环境

① 启动ADAMS，创建名为“six_bar_mechanism”的新项目并保存。

② 将单位设置为“MMKS”，工作栅格X向与Y向大小设置为“1 000 mm”，间隔设置为“10 mm”，图标大小设置为“20”，打开光标位置显示窗口。

2. 创建构件

① 创建摇杆3：单击“创建连杆”按钮，选中“长度”“宽度”“深度”复选框，并分别输入

“300 mm”“10.0 mm”“5.0 mm”，然后在工作区单击(−20,120,0)位置，水平右移光标，出现构件形体时再次单击工作区域，此时构件“PART_2”被创建，将其重命名为“Rocker”。

② 创建曲柄1：单击“创建连杆”按钮，选中“长度”“宽度”“深度”复选框，并分别输入“80 mm”“10.0 mm”“5.0 mm”，然后在工作区单击(0,0,0)位置，水平左移光标，出现构件形体时再次单击工作区域，此时构件“PART_3”被创建，将其重命名为“Crank”。

③ 创建连杆2：单击“创建连杆”按钮，选中“长度”“宽度”“深度”复选框，并分别输入“120 mm”“10.0 mm”“5.0 mm”，然后在工作区单击曲柄Crank左端的“MARKER_4”，向右上方移动光标，出现坐标值(−30,110,0)时再次单击工作区域，此时构件“PART_4”被创建，将其重命名为“Link_2”。

④ 创建滑块5：在功能区单击“物体”标签，在“实体”组内单击“创建立方体”按钮，选中“长度”“宽度”“深度”复选框，并分别输入“40.0 mm”“60.0 mm”“5.0 mm”，然后在工作区单击(200,0,0)位置，此时构件“PART_5”被创建，将其重命名为“Slider”。

⑤ 创建连杆4：单击“创建连杆”按钮，选中“宽度”“深度”复选框，并分别输入“10.0 mm”“5.0 mm”，然后在工作区依次单击摇杆Rocker右端的“MARKER_2”和滑块Slider中心cm，此时构件“PART_6”被创建，将其重命名为“Link_4”。

3. 创建运动副、施加运动

① 移动副$E2$：在功能区单击“连接”标签，在“运动副”组内单击“创建移动副”按钮，进入展开选项区，在“构建方式”下拉菜单选择“2个物体—1个位置”→“选取几何特征”，其后在工作区依次单击滑块Slider和大地Ground，再单击滑块Slider中心标记点cm，之后竖直上移光标，当光标窗口出现“cm. Z”时再次单击工作区域，此时移动副“JOINT_1”被创建，将其重命名为“JOINT_E2”。

② 转动副C：在功能区单击“物体”标签，在“基本形状”组内单击“标记点”按钮，进入展开选项区，在下拉菜单选择“添加到现有部件”→“全局XY平面”，在工作区依次单击摇杆Rocker和位置(140,120,0)，创建标记点“MARKER_12”，在功能区单击“创建转动副”按钮，在“构建方式”下拉菜单选择“2个物体—1个位置”→“垂直栅格”，然后在工作区依次单击摇杆Rocker和大地Ground，再单击选择摇杆Rocker的“MARKER_12”，此时转动副“JOINT_2”被创建，将其重命名为“JOINT_C”。

③ 转动副O、A、D、$E1$：以同②操作，在曲柄Crank与大地Ground之间创建转动副“JOINT_O”(位于曲柄Crank右端MARKER_3)，在曲柄Crank与连杆Link_2之间创建转动副“JOINT_A”(位于曲柄Crank左端MARKER_4)，在摇杆Rocker与连杆Link_4之间创建转动副“JOINT_D”(位于摇杆Rocker右端MARKER_2)，在连杆Link_4与滑块Slider之间创建转动副“JOINT_E1”(位于滑块Slider中心cm)。

④ 转动副B：在功能区单击“创建转动副”按钮，在“构建方式”下拉菜单选择“2个物体—2个位置”→“垂直栅格”，然后在工作区依次单击连杆Link_2和摇杆Rocker，再依次单击选择连杆Link_2上端的“MARKER_6”和摇杆Rocker左端的“MARKER_1”，此时转动副JOINT_7被创建，将其重命名为“JOINT_B”。

⑤ 施加运动：单击“旋转驱动”按钮，在“旋转速度”框内输入“30”，然后在工作区单击“JOINT_O”，此时运动“MOTION_1”被创建，将其重命名为“MOTION_O”。

4. 模型装配与保存

① 装配模型：在功能区单击“仿真”标签，在“仿真分析”组内单击“运行交互仿真”按钮，然后在展开的“Simulation Control”对话框中，单击“运行初始条件求解”按钮，完成模型装配。

② 保存模型：关闭模型装配后弹出的信息窗口，单击“Simulation Control”对话框中的“保存模型”按钮，然后进入“Save Model at Simulation Position”对话框，在“新模型”栏输入“crank_rocker_mechanism_2”，单击“确定”按钮完成模型保存。

至此，机构模型装配与保存完毕，如图 3.4-3 所示。

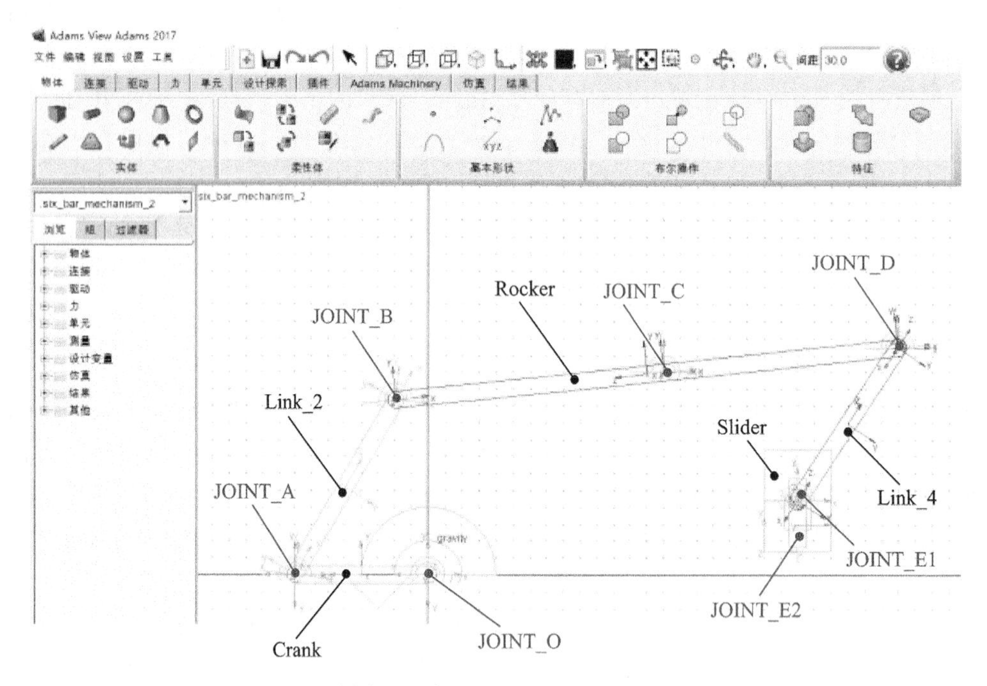

图 3.4-3 插齿机六杆机构构件、运动副与运动的创建

4. 仿真与测量

① 运行仿真：在功能区单击“仿真”标签，在“仿真分析”组内单击“运行交互仿真”按钮，展开“Simulation Control”对话框，在“终止时间”栏输入“12.0”，在“步数”栏输入“200”，然后单击“开始仿真”按钮。

② 创建滑块 Slider 位移、速度与加速度的测量：在工作区右击滑块 Slider_E，通过弹出的下拉菜单进入“Part Measure”对话框，分别创建名为“MEA_DIS_E”“MEA_VEL_E”和“MEA_ACC_E”的测量，“特征”分别选择“质心位置”“质心速度”和“质心加速度”，“分量”均选择“Y”。

ADAMS 最终输出的滑块 5 的运动曲线如图 3.4-4(a)～(c)所示，仿真结果输出视频的截图如图 3.4-5 所示，扫描二维码可观看仿真输出视频。

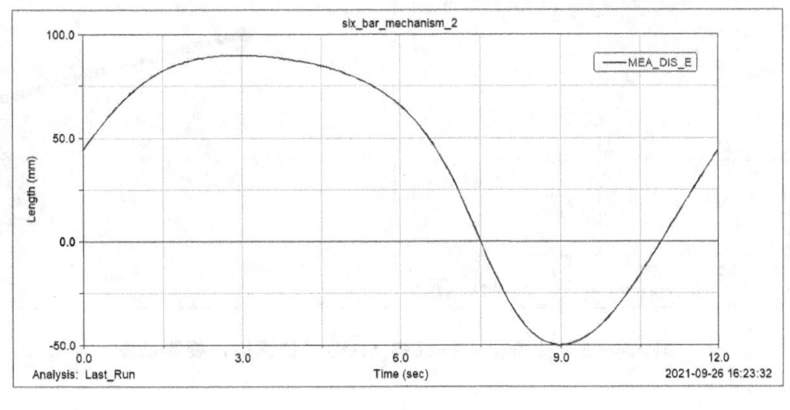

(a)

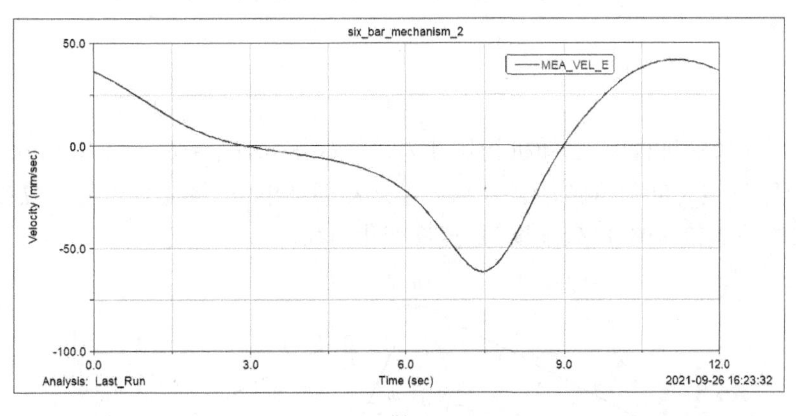

(b)

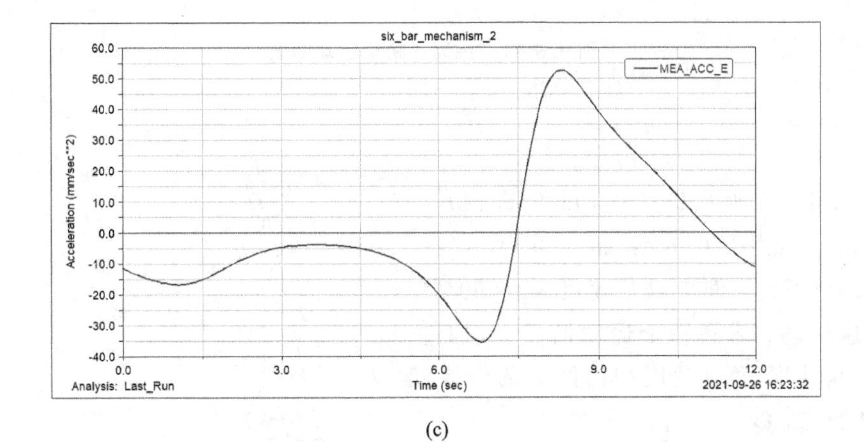

(c)

图 3.4-4　插齿机六杆机构 ADAMS 仿真结果

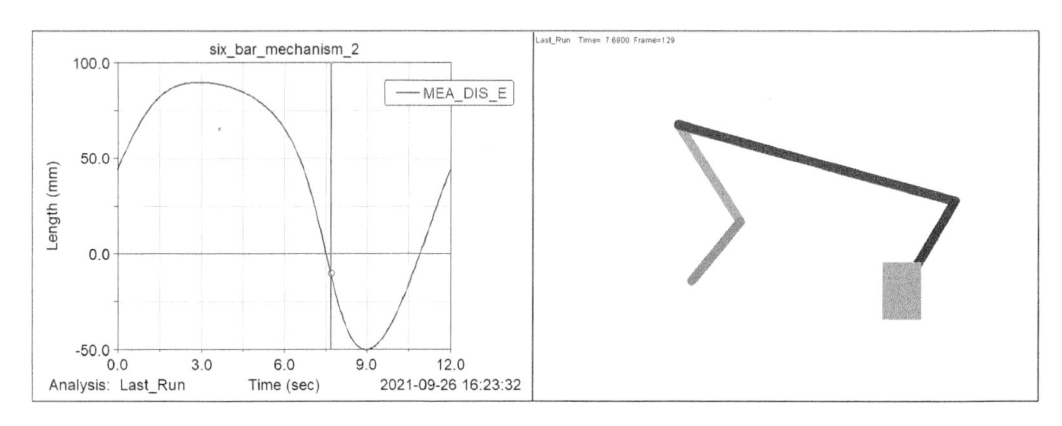

图 3.4-5　插齿机六杆机构 ADAMS 仿真输出视频截图

3.5　平面连杆机构运动分析练习

练习 1

在图 3.5-1 所示机构中，已知机构尺寸 $l_{AB}=100$ mm，$l_{BC}=l_{CD}=200$ mm。构件 1 以角速度 $\omega_1=60(°)/s$ 逆时针匀速转动。求在一个运动循环中，构件 2 和 4 的角位移、角速度、角加速度，以及构件 3 和 5 的位移、速度、加速度变化曲线。

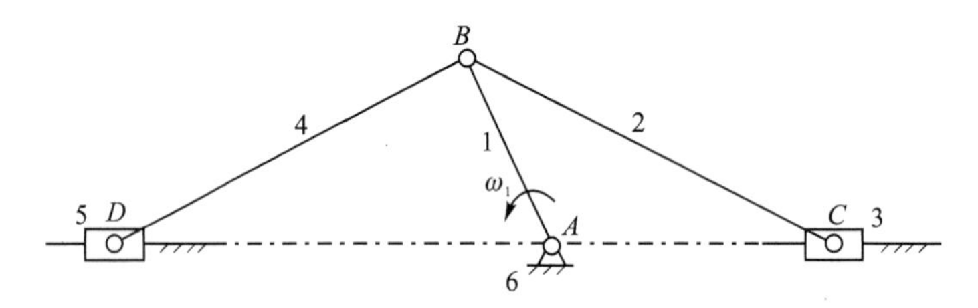

图 3.5-1　练习 1 机构运动简图

练习 2

在图 3.5-2 所示机构中，已知机构尺寸 $l_{AB}=150$ mm，$l_{AC}=550$ mm，$l_{BD}=80$ mm，$l_{DE}=500$ mm，$\alpha=60°$。构件 1 以角速度 $\omega_1=60(°)/s$ 顺时针匀速转动。求在一个运动循环中，构件 3 的角位移、角速度、角加速度和构件 5 的位移、速度、加速度变化曲线。

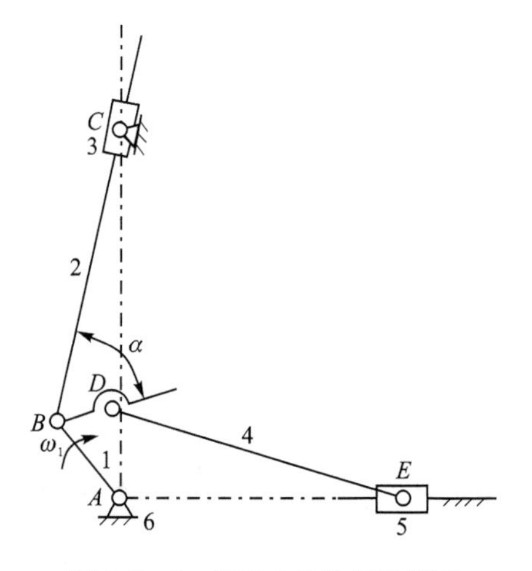

图 3.5-2　练习 2 机构运动简图

练习 3

在图 3.5-3 所示机构中，已知机构尺寸 $l_{AB}=60$ mm，$l_{BC}=180$ mm，$l_{DE}=200$ mm，$l_{CD}=$

120 mm，l_{EF}=300 mm，l_a=80 mm，l_b=85 mm，l_c=225 mm。构件 1 以角速度 ω_1=60(°)/s 逆时针匀速转动。求在一个运动循环中，构件 5 的位移、速度和加速度变化曲线。

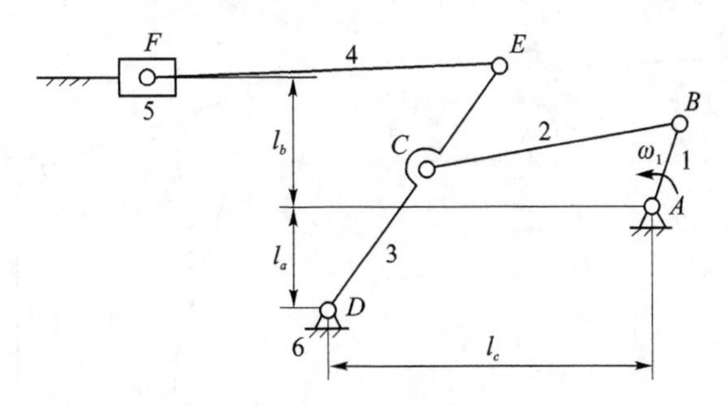

图 3.5－3　练习 3 机构运动简图

练习 4

在图 3.5－4 所示机构中，已知机构尺寸 l_{AB}=80 mm，l_{BC}=260 mm，l_{DE}=400 mm，l_{CD}=300 mm，l_{EF}=460 mm，l_a=90 mm，l_b=170 mm。构件 1 以角速度 ω_1=60(°)/s 顺时针匀速转动。求在一个运动循环中，构件 5 的位移、速度和加速度变化曲线。

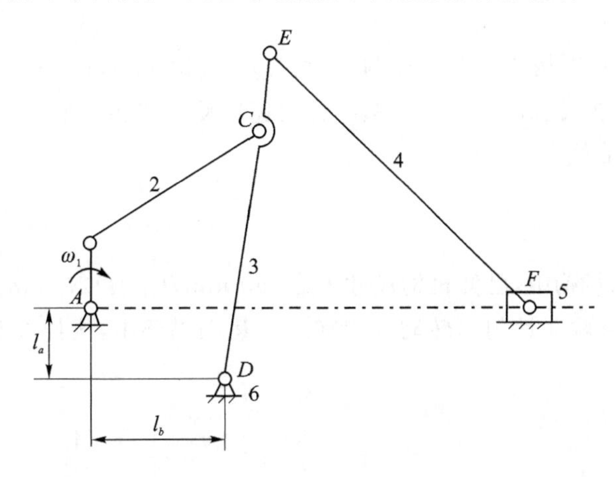

图 3.5－4　练习 4 机构运动简图

练习 5

在图 3.5－5 所示机构中，已知机构尺寸 l_{AB}=100 mm，l_{BC}=400 mm，l_{CD}=125 mm，l_{CE}=540 mm，l_a=350 mm，l_b=200 mm。构件 1 以角速度 ω_1=60(°)/s 顺时针匀速转动。求在一个运动循环中，构件 5 的位移、速度和加速度变化曲线。

练习 6

在图 3.5－6 所示机构中，已知机构尺寸 l_{AB}=200 mm，l_{BC}=500 mm，l_{CD}=800 mm，l_a=l_b=l_c=350 mm。构件 1 以角速度 ω_1=60(°)/s 逆时针匀速转动。求在一个运动循环中，构件 5 的位移、速度、加速度变化曲线。

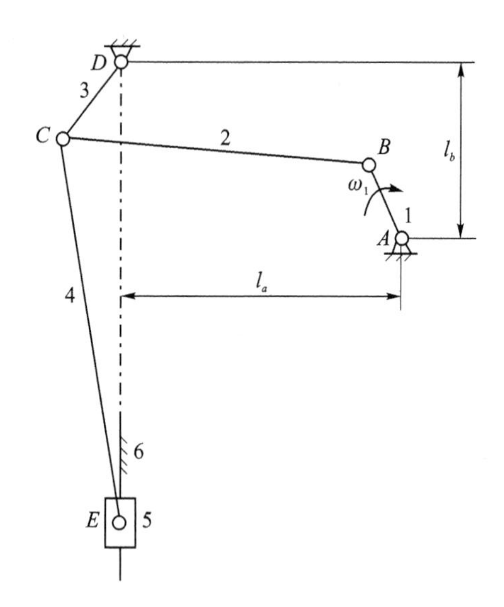

图 3.5－5　练习 5 机构运动简图

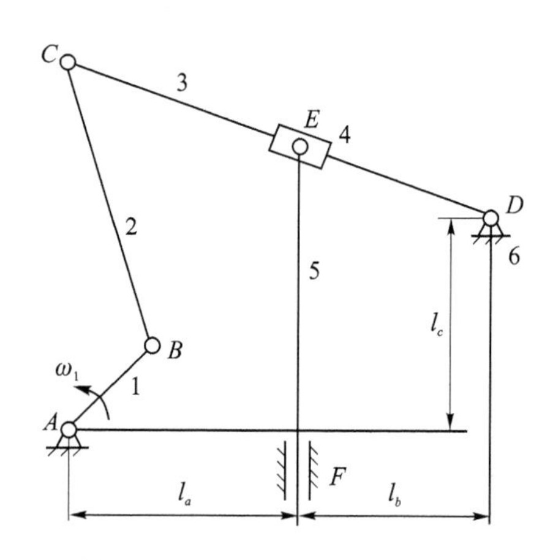

图 3.5－6　练习 6 机构运动简图

练习 7

在图 3.5－7 所示机构中，已知机构尺寸 $l_{AB}=120$ mm，$l_{AC}=380$ mm，$l_{CD}=l_{DE}=$ 600 mm。构件 1 以角速度 $\omega_1=60(°)/\mathrm{s}$ 顺时针匀速转动。求在一个运动循环中，构件 5 的位移、速度、加速度变化曲线。

练习 8

在图 3.5－8 所示机构中，已知机构尺寸 $l_{AB}=50$ mm，$l_{BC}=120$ mm，$l_a=60$ mm。构件 1 以角速度 $\omega_1=60(°)/\mathrm{s}$ 顺时针匀速转动。求在一个运动循环中，构件 3 和 6 的位移、速度、加速度变化曲线。

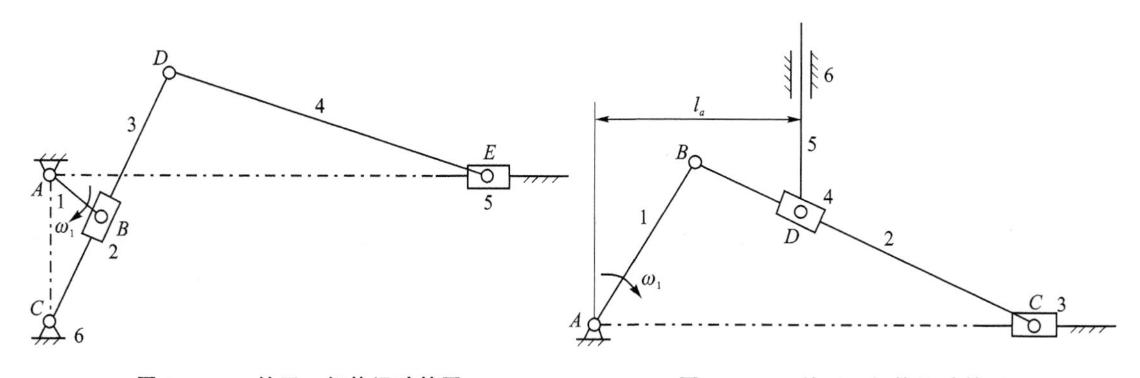

图 3.5－7　练习 7 机构运动简图　　图 3.5－8　练习 8 机构运动简图

第 4 章

平面连杆机构的设计

4.1 概　述

平面连杆机构设计的主要任务是根据给定的运动要求，在选定机构形式后确定各构件的尺寸。根据机械的用途和性能要求的不同，平面连杆机构设计的要求是多种多样的，但这些设计要求通常可归纳为以下三大类。

① 按预定的连杆位置设计平面连杆机构。

② 按预定的运动规律设计平面连杆机构。

③ 按预定的轨迹要求设计平面连杆机构。

平面连杆机构的设计方法主要有图解法和解析法。本章重点基于实例讲解解析法在平面连杆机构设计中的应用。实例的选取涵盖了平面连杆机构设计的三大类要求，分别为按预定的连杆位置设计铰链四杆机构、按预定的运动规律设计铰链四杆机构、按预定的运动规律设计曲柄滑块机构、按行程速比系数设计曲柄摇杆机构，以及按预定的运动轨迹优化设计铰链四杆机构。在实例讲解过程中，同时介绍了 MATLAB 软件在平面连杆机构设计中的应用。

4.2 按预定的连杆位置设计铰链四杆机构

4.2.1 数学建模

对于图 4.2-1 所示的铰链四杆机构，连杆 2 的位置一般可由连杆标线上一点 M 的坐标与标线方向角 φ 表示。按预定的连杆位置设计铰链四杆机构的要求可表述为在给定连杆 2 若干位置 $M_i(x_{M_i}, y_{M_i})$、$\varphi_i(i=1,2,\cdots,n)$ 的条件下对机构进行设计。

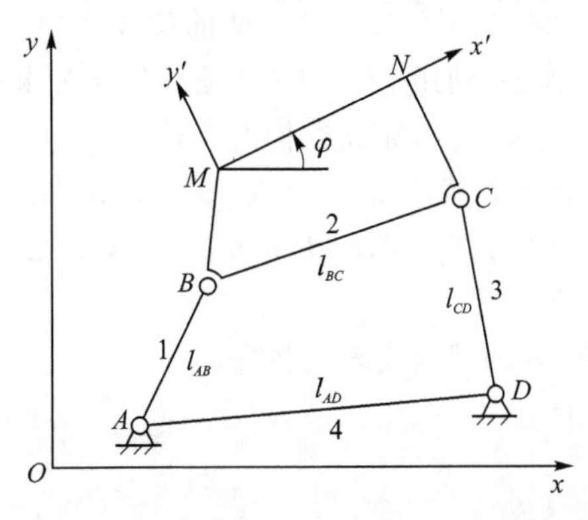

图 4.2-1　按预定的连杆位置设计铰链四杆机构

如图 4.2-1 所示，在机构机架上建立固定坐标系 Oxy，在点 M 处建立与连杆 2 固连的动坐标系 $Mx'y'$。连杆 2 上活动铰链 B 和 C 在动坐标系 $Mx'y'$ 中的坐标可表示为 (x'_B, y'_B) 和 (x'_C, y'_C)，该坐标为固定的机构参数。活动铰链 B 和 C 在固定坐标系 Oxy 中的坐标可表示为 (x_{B_i}, y_{B_i}) 和 (x_{C_i}, y_{C_i})，该坐标为随给定连杆位置变化的参数。活动铰链 B 和 C 在以上两坐标系中坐标的变换关系为

$$\begin{cases} x_{B_i} = x_{M_i} + x'_B \cos\varphi_i - y'_B \sin\varphi_i \\ y_{B_i} = y_{M_i} + x'_B \sin\varphi_i + y'_B \cos\varphi_i \end{cases} \tag{4.2-1}$$

$$\begin{cases} x_{C_i} = x_{M_i} + x'_C \cos\varphi_i - y'_C \sin\varphi_i \\ y_{C_i} = y_{M_i} + x'_C \sin\varphi_i + y'_C \cos\varphi_i \end{cases} \tag{4.2-2}$$

机构固定铰链 A 和 D 在固定坐标系 Oxy 中的坐标可表示为 (x_A, y_A) 和 (x_D, y_D)，该坐标同样为固定的机构参数。则根据机构运动过程中两连杆 1 和 3 长度不变这一约束可得

$$(x_{B_i} - x_A)^2 + (y_{B_i} - y_A)^2 = (x_{B_1} - x_A)^2 + (y_{B_1} - y_A)^2 \quad i = 2, 3, \cdots, n \tag{4.2-3}$$

$$(x_{C_i} - x_D)^2 + (y_{C_i} - y_D)^2 = (x_{C_1} - x_D)^2 + (y_{C_1} - y_D)^2 \quad i = 2, 3, \cdots, n \tag{4.2-4}$$

在固定铰链 A 和 D 的位置未给定的条件下，式(4.2-3)中含有 4 个未知量 x'_B、y'_B、x_A 和 y_A，式(4.2-4)中含有 4 个未知量 x'_C、y'_C、x_D 和 y_D，两式共有 8 个未知量。在预定连杆位置的数量 $n=5$ 时，式(4.2-3)与式(4.2-4)能够转化得到的方程数量各为 $n-1=4$，两式共能得到 8 个方程，未知数能够得到精确求解。因此，铰链四杆机构最多能够精确实现连杆的 5 个预定位置。当连杆预定位置少于 5 个时，可预先选定某些机构参数，以获得唯一解。如预先给定固定铰链 A 和 D 的位置，式(4.2-3)与式(4.2-4)中共含有 4 个未知数 x'_B、y'_B、x'_C 和 y'_C，机构最多能够精确实现连杆的 3 个预定位置。如连杆 2 的预定位置直接以活动铰链 B 和 C 在固定坐标系 Oxy 中的位置 (x_{B_i}, y_{B_i}) 和 (x_{C_i}, y_{C_i}) 给出，式(4.2-3)与式(4.2-4)中共含有 4 个未知数 x_A、y_A、x_D 和 y_D，机构同样最多能够精确实现连杆的 3 个预定位置。

4.2.2 MATLAB 程序设计

对于图 4.2-1 所示机构，已知连杆 2 的 3 个预定位置分别为 $M_1(10,32)$，$\varphi_1=52°$；$M_2(36,39)$，$\varphi_2=29°$；$M_3(45,24)$，$\varphi_3=0°$，固定铰链的位置为 $A(0,0)$ 和 $D(63,0)$（坐标单位为 mm）。基于所建立的数学模型，利用 MATLAB 编写程序可求解机构中连杆 2 的长度 l_{BC}，以及两连架杆 1 和 3 的长度 l_{AB} 和 l_{CD}，完成机构的设计。

本例使用 MATLAB 建立主程序“main_link_positions. m”，同时，针对式(4.2-3)与式(4.2-4)的方程分别建立子程序“f_solve_link_positions_B. m”和“f_solve_link_positions_C. m”。程序的代码及注释分别如下。

主程序“main_link_positions. m”的代码及注释：

```
clear;                                          %清空工作区
%以下定义全局变量
globalxM yM phi                                 %连杆位置(数组)
globalxA yA xD yD                               %固定铰链位置
```

```
%以下给定连杆的三个位置
xM=[10; 36; 45];
yM=[32; 39; 24];
phi=[52; 29; 0]*pi/180;
%以下给定固定铰链的位置
xA=0; yA=0; xD=63; yD=0;
%以下求解杆AB长度
x0_B=[0; 0];                                                    %初始值
[x_B,fval_B,exitflag_B]=fsolve('f_solve_link_positions_B',x0_B); %求解式(4.2-3)
xB(1)=xM(1)+x_B(1)*cos(phi(1))-x_B(2)*sin(phi(1));   %与连杆位置1对应的B点在固定坐
                                                      %标系中位置(式4.2-1)
yB(1)=yM(1)+x_B(1)*sin(phi(1))+x_B(2)*cos(phi(1));
lAB=sqrt((xB(1)-xA)^2+(yB(1)-yA)^2);                            %计算连杆AB长度
%以下求解杆CD长度
x0_C=[0, 0];                                                    %初始值
[x_C,fval_C,exitflag_C]=fsolve('f_solve_link_positions_C',x0_C); %求解式(4.2-4)
xC(1)=xM(1)+x_C(1)*cos(phi(1))-x_C(2)*sin(phi(1));   %与连杆位置1对应的C点在固定坐
                                                      %标系中位置(式4.2-1)
yC(1)=yM(1)+x_C(1)*sin(phi(1))+x_C(2)*cos(phi(1));
lCD=sqrt((xC(1)-xD)^2+(yC(1)-yD)^2);                            %计算连杆CD长度
%以下求解杆BC和AD长度
lBC=sqrt((xC(1)-xB(1))^2+(yC(1)-yB(1))^2);                      %计算连杆BC长度
lAD=sqrt((xA-xD)^2+(yA-yD)^2);                                  %计算连杆AD长度
```

子程序“f_solve_link_positions_B. m”的代码及注释：

```
function F1 = f_solve_link_positions_B( x_B )
%以下定义全局变量
globalxM yM phi                        %连杆位置(数组)
globalxA yA                            %固定铰链A位置
%以下定义方程中的未知数
xB_p=x_B(1);                           %B点在连杆坐标系中位置
yB_p=x_B(2);
%以下定义中间变量,与连杆位置对应的B点在世界坐标系中位置,即式(4.2-1)
for n=1:3                              %循环结构
    xB(i)=xM(i)+xB_p*cos(phi(i))-yB_p*sin(phi(i));
    yB(i)=yM(i)+xB_p*sin(phi(i))+yB_p*cos(phi(i));
end                                    %循环结构结束
%以下建立方程
F1(1)=(xB(2)-xA)^2+(yB(2)-yA)^2-(xB(1)-xA)^2-(yB(1)-yA)^2;
F1(2)=(xB(3)-xA)^2+(yB(3)-yA)^2-(xB(1)-xA)^2-(yB(1)-yA)^2;
end                                    %函数结束
```

子程序“f_solve_link_positions_C. m”的代码及注释：

```
function F1 = f_solve_link_positions_C( x_C )
%以下定义全局变量
globalxM yM phi                              %连杆位置(数组)
globalxD yD                                  %固定铰链 D 位置
%以下定义方程中的未知数
xC_p = x_C(1);                               %C 点在连杆坐标系中位置
yC_p = x_C(2);
%以下定义中间变量,与连杆位置对应的 C 点在世界坐标系中位置,即式(4.2-2)
for n = 1:3                                  %循环结构
    xC(i) = xM(i) + xC_p * cos(phi(i)) - yC_p * sin(phi(i));
    yC(i) = yM(i) + xC_p * sin(phi(i)) + yC_p * cos(phi(i));
end                                          %循环结构结束
%以下建立方程
F1(1) = (xC(2) - xD)^2 + (yC(2) - yD)^2 - (xC(1) - xD)^2 - (yC(1) - yD)^2;
F1(2) = (xC(3) - xD)^2 + (yC(3) - yD)^2 - (xC(1) - xD)^2 - (yC(1) - yD)^2;
end                                          %函数结束
```

程序运行后,在 MATLAB“工作区”可监视各变量的计算结果。其中,机构中连杆 2 与连架杆 1 和 3 的长度,以及与连杆位置 1 对应的活动铰链 B 和 C 两点在动坐标系 $Mx'y'$ 中的坐标分别如下:

$$l_{AB}=9.8582\ \text{mm},\quad l_{BC}=82.4779\ \text{mm},\quad l_{CD}=29.9406\ \text{mm}$$
$$(x_{B_1},y_{B_1})=(-3.0867,-9.3625),\quad (x_{C_1},y_{C_1})=(69.8492,29.1467) \tag{4.2-5}$$

4.3 按预定的运动规律设计铰链四杆机构

4.3.1 数学建模

对于图 4.3-1 所示的铰链四杆机构,按预定的运动规律进行机构设计的要求可表述为在给定两连架杆 AB 和 CD 的若干组相对位置$(\varphi_i,\psi_i)$$(i=1,2,\cdots,n)$的条件下,确定机构中各构件的长度 l_1、l_2、l_3 和 l_4,以及两连架杆相对位置的起始角 φ_0 和 ψ_0。

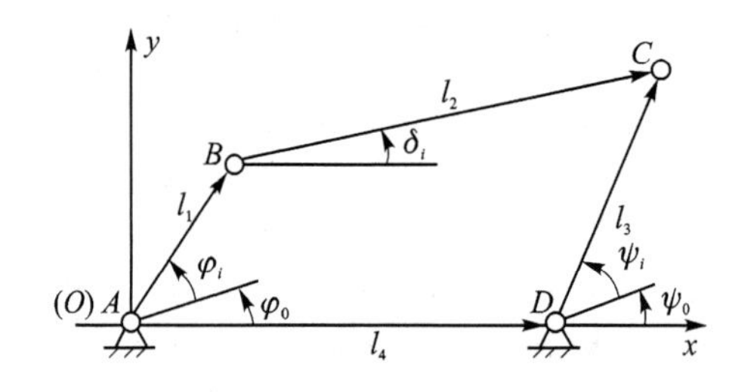

图 4.3-1 按预定的运动规律设计铰链四杆机构

如图 4.3-1 所示,建立固定坐标系 Oxy,以及表示各构件方位的向量 $\boldsymbol{l}_1$、$\boldsymbol{l}_2$、$\boldsymbol{l}_3$ 和 $\boldsymbol{l}_4$。通过建立机构的矢量方程,并将方程向 x 轴与 y 轴投影可得

$$l_1\cos(\varphi_i+\varphi_0)+l_2\cos\delta_i=l_4+l_3\cos(\psi_i+\psi_0)$$
$$l_1\sin(\varphi_i+\varphi_0)+l_2\sin\delta_i=l_3\sin(\psi_i+\psi_0) \tag{4.3-1}$$

式中，δ_i 为连杆 BC 转角。

由于各构件长度等比例变化不会改变构件间的相对转角关系，故定义各构件的相对长度设计变量 m、n 和 p 为

$$\frac{l_1}{l_1}=1,\quad \frac{l_2}{l_1}=m,\quad \frac{l_3}{l_1}=n,\quad \frac{l_4}{l_1}=p \tag{4.3-2}$$

将式(4.3-2)代入式(4.3-1)，并利用 $\sin^2\delta_i+\cos^2\delta_i=1$ 消去连杆 BC 转角 δ_i 可得

$$C_0\cos(\psi_i+\psi_0)+C_1\cos[(\psi_i+\psi_0)-(\varphi_i+\varphi_0)]+C_2=\cos(\varphi_i+\varphi_0) \tag{4.3-3}$$

式中

$$C_0=n,\quad C_1=-\frac{n}{p},\quad C_2=\frac{p^2+n^2-m^2+1}{2p} \tag{4.3-4}$$

式(4.3-3)中包含 5 个待求量 C_0、C_1、C_2、φ_0 和 ψ_0，求解得到 C_0、C_1 和 C_2 后可由式(4.3-4)确定构件的相对长度 m、n 和 p。当给定两连架杆的 5 组相对位置时，式(4.3-3)可转化为 5 个方程，此时 5 个待求量可以得到精确求解。如预先给定两连架杆相对位置的起始角 φ_0 和 ψ_0，机构最多能够精确实现两连架杆的 3 组相对位置。

4.3.2 MATLAB 程序设计

对于图 4.3-1 所示机构，给定两连架杆的相对位置起始角为 $\varphi_0=\psi_0=0°$，3 组相对位置分别为($\varphi_1=45°$，$\psi_1=50°$)，($\varphi_2=90°$，$\psi_2=80°$)，($\varphi_3=135°$，$\psi_3=110°$)。基于所建立的数学模型，利用 MATLAB 编写程序可求解得到机构各构件的相对长度，完成机构的设计。

本例使用 MATLAB 建立程序“main_side_link_positions.m”，通过求解线性方程组(4.3-3)，并利用式(4.3-4)计算得到各构件的相对长度。程序代码及注释如下。

程序“main_side_link_positions.m”的代码及注释：

```
clear;                                                   %清空工作区
%以下给定相对位置起始角，三组相对位置
phi0 = 0; psi0 = 0;                                      %相对位置起始角
phi = [45; 90; 135] * pi/180;
psi = [50; 80; 110] * pi/180;                            %三组相对位置
%以下计算中间量 C0,C1 和 C2
MA = [cos(psi(1) + psi0), cos((psi(1) + psi0) - (phi(1) + phi0)), 1;...
                                                         %线性方程组(4.3-3)中系数矩阵
    cos(psi(2) + psi0), cos((psi(2) + psi0) - (phi(2) + phi0)), 1;...
    cos(psi(3) + psi0), cos((psi(3) + psi0) - (phi(3) + phi0)), 1;];
MB = [cos(phi(1) + phi0); cos(phi(2) + phi0); cos(phi(3) + phi0)];
                                                         %线性方程组(4.3-3)中系数矩阵
MC = MA\MB;                                              %解线性方程组(4.3-3)
C0 = MC(1); C1 = MC(2); C2 = MC(3);
%以下计算构件相对长度
n = C0;
p = - n/C1;
m  = sqrt(p^2 + n^2 + 1 - 2 * p * C2);
```

程序运行后，得到机构中构件 BC、CD 和 AD 的相对长度分别如下：

$$m=1.783\,0,\quad n=1.533\,0,\quad p=1.442\,4 \tag{4.3-5}$$

4.4 按预定的运动规律设计曲柄滑块机构

4.4.1 数学建模

对于图 4.4-1 所示的曲柄滑块机构，按预定的运动规律进行机构设计的要求可表述为在给定连架杆 AB 和滑块 C 的若干组相对位置 (φ_i, s_i) $(i=1,2,\cdots,n)$ 的条件下，确定构件长度 a 和 b、偏距 e，以及连架杆 AB 与滑块 C 的起始位置 φ_0 和 s_0。

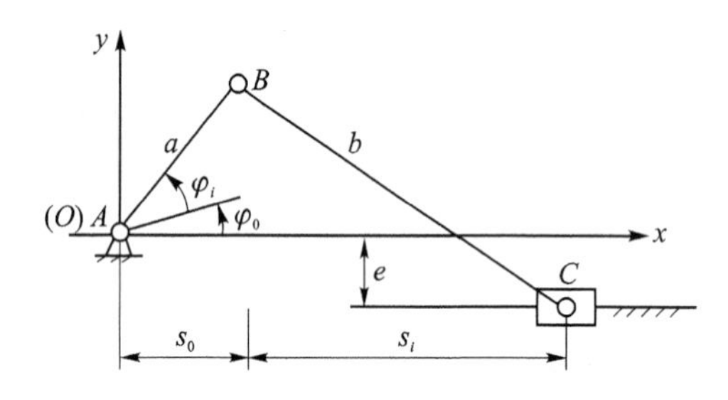

图 4.4-1　按预定的运动规律设计曲柄滑块机构

如图 4.4-1 所示，在曲柄固定铰链 A 处建立固定坐标系 Oxy，x 轴与滑块 C 的导路平行指向右，进而机构中活动铰链 B 和 C 在固定坐标系 Oxy 中的坐标可表示为

$$\begin{cases} x_B=a\cos(\varphi_i+\varphi_0) \\ y_B=a\sin(\varphi_i+\varphi_0) \end{cases},\quad \begin{cases} x_C=s_i+s_0 \\ y_C=-e \end{cases} \tag{4.4-1}$$

式中，a 为曲柄 AB 的长度，e 为机构的偏距。

根据 B 和 C 两点间的距离应等于连杆 BC 长度 b 这一约束，可建立方程

$$(x_C-x_B)^2+(y_C-y_B)^2=b^2 \tag{4.4-2}$$

将式(4.4-1)代入式(4.4-2)，并选取连架杆与滑块的起始位置为 $\varphi_0=0$，$s_0=0$，可得方程

$$R_1 s_i\cos\varphi_i-R_2\sin\varphi_i-R_3=s_i^2 \tag{4.4-3}$$

式中

$$R_1=2a,\quad R_2=2ae,\quad R_3=a^2+e^2-b^2 \tag{4.4-4}$$

式(4.4-3)中包含 3 个待求量 R_1、R_2 和 R_3，即在预先给定连架杆起始位置 φ_0 与滑块起始位置 s_0 的情况下，给定连架杆 AB 与滑块 C 的 3 组相对位置，式(4.4-3)可生成 3 个方程，R_1、R_2 和 R_3 能够得到精确求解，从而通过式(4.4-4)可确定机构尺寸参数 a、b 和 e。在不给定连架杆与滑块起始位置的情况下，式(4.4-3)中包含 5 个未知数 R_1、R_2、R_3、φ_0 和 s_0，机构最多能够精确实现连架杆 AB 与滑块 C 的 5 组相对位置。

4.4.2 MATLAB 程序设计

对于图 4.4-1 所示的曲柄滑块机构，给定连架杆 AB 与滑块 C 的起始位置为 $\varphi_0=0$，$s_0=0$，3 组相对位置为 $\varphi_1=60°$，$s_1=36$ mm；$\varphi_2=85°$，$s_2=28$ mm；$\varphi_3=120°$，$s_3=19$ mm。基

于所建立的数学模型，利用 *MATLAB* 编写程序可求解得机构尺寸参数 a、b 和 e，完成机构的设计。

本例使用 MATLAB 建立程序“main_side_link_slider_positions.m”完成机构设计，程序的代码及注释如下。

```
clear;                                              %清空工作区
%以下给定连架杆与滑块的三组相对位置
phi = [60; 85; 120] * pi/180;
s = [36; 28; 19];                                   %三组相对位置
%以下计算中间量 R1,R2 和 R3
MA = [s(1) * cos(phi(1)), - sin(phi(1)), - 1;...    %线性方程组(4.4-3)中系数矩阵
     s(2) * cos(phi(2)), - sin(phi(2)), - 1;...
     s(3) * cos(phi(3)), - sin(phi(3)), - 1];
MB = [s(1)^2; s(2)^2; s(3)^2];                      %线性方程组(4.4-3)中系数矩阵
MC = MA\MB;                                         %解线性方程组(4.4-3)
R1 = MC(1); R2 = MC(2); R3 = MC(3);
%以下计算机构尺寸
a = R1/2;
e = R2/(2 * a);
b  = sqrt(a^2 + e^2 - R3);
```

程序运行后，得到机构尺寸参数 a、b 和 e 的值分别为

$$a=17\ \text{mm},\quad b=29.572\,2\ \text{mm},\quad e=-3.847\,4\ \text{mm} \tag{4.4-5}$$

4.5 按行程速比系数设计曲柄摇杆机构

4.5.1 数学建模

对于图 4.5-1 所示的曲柄摇杆机构 *ABCD*，按行程速比系数设计该机构的要求可表述为在给定摇杆 *CD* 的长度 l_3、摆角 φ 及行程速比系数 K 的情况下，确定机构中其他构件的长度。

如图 4.5-1 所示，在摇杆固定铰链 D 处建立固定坐标系 Dxy，y 轴为摇杆摆角 φ 的角平分线方向。进而可确定活动铰链 C 的两个极限位置在固定坐标系 Dxy 中的坐标为

$$\begin{cases} x_{C_1}=-l_3\sin(\varphi/2) \\ y_{C_1}=l_3\cos(\varphi/2) \end{cases},\quad \begin{cases} x_{C_2}=l_3\sin(\varphi/2) \\ y_{C_2}=l_3\cos(\varphi/2) \end{cases} \tag{4.5-1}$$

基于给定的行程速比系数 K，可得机构的极位夹角 θ 为

$$\theta=180^\circ\frac{K-1}{K+1} \tag{4.5-2}$$

在此基础上，可确定固定铰链 A 所在圆周 L 的圆心 O 点坐标及半径 R 分别为

$$\begin{cases} x_O=0 \\ y_O=y_{C_2}-R\cos\theta \end{cases},\quad R=\frac{x_{C_2}}{\sin\theta} \tag{4.5-3}$$

固定铰链 A 所在圆周 L 的方程可表示为

$$(x_A-x_O)^2+(y_A-y_O)^2=R^2 \tag{4.5-4}$$

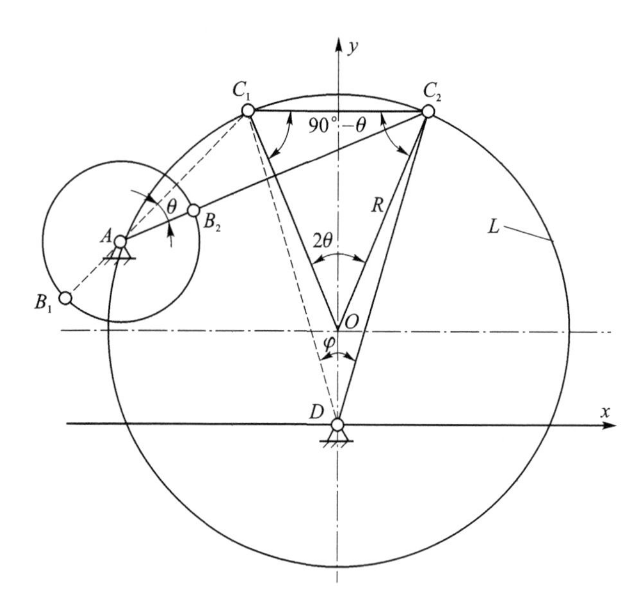

图 4.5-1　按行程速比系数设计曲柄摇杆机构

对于机构中各构件的长度，机架 AD 的长度 l_4 可由 A 点与坐标原点 D 间的距离表示

$$l_4=\sqrt{(x_A-x_D)^2+(y_A-y_D)^2}=\sqrt{x_A^2+y_A^2} \tag{4.5-5}$$

曲柄 AB 长度 l_1、连杆 BC 长度 l_2 与 A 点到 C_1、C_2 点间的距离应满足关系

$$\begin{cases}l_2-l_1=\sqrt{(x_A-x_{C_1})^2+(y_A-y_{C_1})^2}\\l_2+l_1=\sqrt{(x_A-x_{C_2})^2+(y_A-y_{C_2})^2}\end{cases} \tag{4.5-6}$$

式(4.5-4)与式(4.5-6)共3个方程，含有4个未知数 x_A、y_A、l_1 和 l_2，因此需要通过增加某些附加条件来实现对 A 点位置与构件长度的求解。如在给定曲柄 AB 长度 l_1 的情况下，联立式(4.5-4)与式(4.5-6)可求解出 A 点位置(x_A、y_A)与连杆 BC 长度 l_2，进而利用式(4.5-5)可求解出机架 AD 的长度 l_4。

在设计过程中，如需对最小传动角进行校验，可针对图 4.5-2 所示曲柄 AB 与机架 AD 共线的两个位置进行传动角计算。计算过程首先利用余弦定理求取连杆 BC 与摇杆 CD 间的夹角：

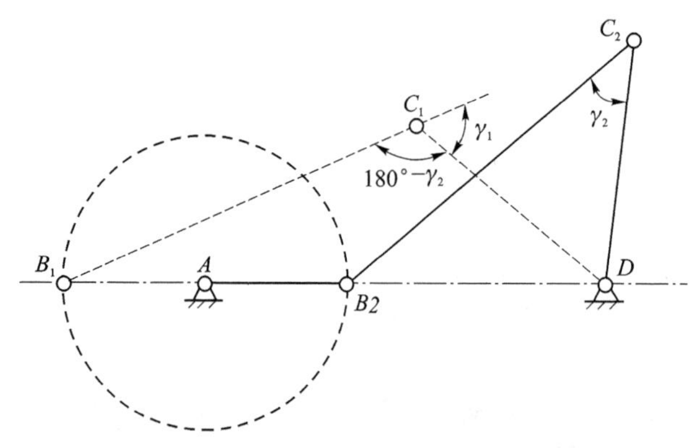

图 4.5-2　曲柄摇杆机构最小传动角的位置

$$
\begin{cases}
\angle B_1C_1D = \arccos \dfrac{l_2^2 + l_3^2 - (l_4 + l_1)^2}{2l_2 l_3} \\
\angle B_2C_2D = \arccos \dfrac{l_2^2 + l_3^2 - (l_4 - l_1)^2}{2l_2 l_3}
\end{cases}
\tag{4.5-7}
$$

若计算出的夹角为锐角,则该夹角为机构在该位置的传动角;若所计算出的夹角为钝角,则该夹角的补角为机构在该位置的传动角。

4.5.2 MATLAB 程序设计

对于图 4.5-1 所示的曲柄摇杆机构,给定机构的行程速比系数为 $K=1.25$,摇杆 CD 的长度为 $l_3=290$ mm,摆角 $\varphi=34°$。同时给定曲柄 AB 的长度 $l_1=77$ mm,机构的许用最小传动角为 $\gamma_{min}=40°$。基于所建立的数学模型,利用 MATLAB 编写程序可完成机构的设计。

本例使用 MATLAB 分别建立主程序"main_crank_rocker_quick_return. m",以及非线性方程组子程序"f_solve_ crank_rocker_quick_return. m"。程序的代码及注释分别如下。

主程序"main_crank_rocker_quick_return. m"的代码及注释:

```
clear;                                                    %清空工作区
%以下声明全局变量,给定已知数据
global Rx0 y0
global xC1 xC2 yC1 yC2
global l1
%以下给定已知量
K = 1.25;                                                 %行程速比系数
l3 = 290;                                                 %摇杆 CD 长度
phi = 34;                                                 %摇杆摆角
l1 = 77;                                                  %曲柄 AB 长度
hd = pi/180; du = 180/pi;                                 %角度与弧度单位转化
%以下计算已知量
xC1 = - l3 * sin(phi * hd/2);                             %C1 与 C2 点坐标,式(4.5-1)
xC2 = - xC1;
yC1 = l3 * cos(phi * hd/2);
yC2 = yC1;
theta = 180 * (K - 1)/(K + 1);                            %极位夹角,式(4.5-2)
R = xC2/sin(theta * hd);                                  %A 点所在圆半径,式(4.5-3)
x0 = 0;                                                   %A 点所在圆圆心坐标,式(4.5-3)
y0 = yC2 - R * cos(theta * hd);
%以下求解未知量 xA,yA,l2
x0 = [- 250; - 250; 250];                                 %初始值
[x,fval,exitflag] = fsolve('f_solve_crank_rocker_quick_return',x0);  %求解非线性方程组
xA = x(1);                                                %A 点坐标
yA = x(2);
l2 = x(3);                                                %连杆 BC 长度
l4  = sqrt(xA^2 + yA^2);                                  %计算机架 AD 长度,式(4.5-5)
%以下校验传动角
```

```
ang_C1 = acos((l2^2 + l3^2 - (l4 + l1)^2)/(2 * l2 * l3)) * du;   %连杆与摇杆夹角,式(4.5-7)
ang_C2 = acos((l2^2 + l3^2 - (l4 - l1)^2)/(2 * l2 * l3)) * du;
if ang_C1 <90                                                  %位置1传动角
    gamma1 = ang_C1;
else
    gamma1 = 180 - ang_C1;
end
if ang_C2 <90                                                  %位置2传动角
    Gamma2 = ang_C2;
else
    Gamma2 = 180 - ang_C2;
end
```

子程序“f_solve_crank_rocker_quick_return. m”的代码及注释：

```
function F1 = f_solve_crank_rocker_quick_return(x)
%以下定义全局变量
global Rx0 y0
global xC1 xC2 yC1 yC2
global l1
%以下定义方程中的未知数
xA = x(1);
yA = x(2);
l2 = x(3);
%以下建立方程,式(4.5-7)
F1(1) = (xA - x0)^2 + (yA - y0)^2 - R^2;                  %式(4.5-4)
F1(2) = (xA - xC1)^2 + (yA - yC1)^2 - (l2 - l1)^2;        %式(4.5-6)
F1(3) = (xA - xC2)^2 + (yA - yC2)^2 - (l2 + l1)^2;
end
```

程序运行后，得到机构尺寸参数 l_2、l_4 和压力角 γ_1、γ_2 的计算结果分别为

$$
\begin{aligned}
l_2 &= 218.4532\ \text{mm}, \quad l_4 = 276.8037\ \text{mm} \\
\gamma_1 &= 86.9971^\circ, \quad \gamma_2 = 45.5046^\circ
\end{aligned}
\tag{4.5-9}
$$

4.6 按预定的运动轨迹优化设计铰链四杆机构

4.6.1 数学建模

对于图 4.6-1 所示的铰链四杆机构，利用连杆 BC 上一点 M 的轨迹曲线实现预定的运动轨迹时，最多可按轨迹上的 9 个预定位置对机构进行精确设计，如果需要精确实现的位置少于 9 个时，可预先确定机构的某些参数，如果需要实现的位置多于 9 个，只能近似求解。当需要精确实现的轨迹上的预定位置较多时，机构设计时的求解过程极其烦琐，因此目前较多采用优化设计的方法实现按预定运动轨迹设计铰链四杆机构的要求。

优化设计是一种现代设计方法，建立在数学规划理论和现代计算技术的基础之上，其任务

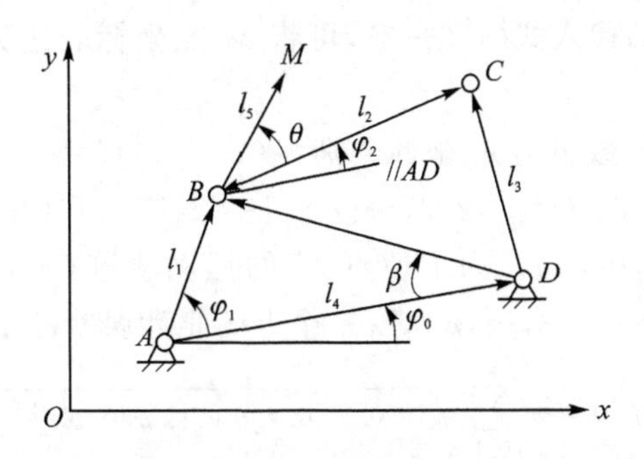

图 4.6-1　按预定的运动轨迹优化设计铰链四杆机构

是借助计算机自动确定工程设计的最优方案。

机构优化设计主要包括以下两方面内容：

① 建立数学模型：根据机构设计的运动学、动力学等要求，将所研究的问题用数学方程式描述出来，以反映设计问题中各主要因素间的内在联系。机构优化设计的关键是从实际设计问题中抽象出正确的数学模型。

② 求解数学模型：根据所建立的数学模型，选择合适的优化算法，编写优化设计程序并在计算机上进行计算，以获得最优的设计方案。目前已经有多种行之有效的优化算法和通用的优化设计程序可供选择使用。

按预定运动轨迹优化设计铰链四杆机构的数学建模过程如下。

(1) 设计变量

如图 4.6-1 所示建立固定坐标系 Oxy，连杆 BC 上 M 点在坐标系 Oxy 中的轨迹取决于机构中的构件长度参数 l_1、l_2、l_3、l_4 和 l_5，点 A 的坐标(x_A, y_A)，以及角度参数 φ_0（机架 AD 在坐标系 Oxy 中的方向角）和 θ（点 M 在连杆 BC 上的方向角）。故取设计变量为

$$\boldsymbol{x} = [l_1 \quad l_2 \quad l_3 \quad l_4 \quad l_5 \quad x_A \quad y_A \quad \theta \quad \varphi_0]^{\mathrm{T}} \tag{4.6-1}$$

(2) 目标函数

为简化设计，本例设构件 AB 为最短杆，且能够绕固定铰链 A 整周回转，其相对机架 AD 的转角为 φ_1。进而，连杆 BC 上 M 点在坐标系 Oxy 中的坐标可表示为

$$\begin{cases} x_M = x_A + l_1 \cos(\varphi_0 + \varphi_1) + l_5 \cos(\varphi_0 + \varphi_2 + \theta) \\ y_M = y_A + l_1 \sin(\varphi_0 + \varphi_1) + l_5 \sin(\varphi_0 + \varphi_2 + \theta) \end{cases} \tag{4.6-2}$$

由式(4.6-2)可以看到，在机构的运动过程中，M 点的坐标随曲柄 AB 的转角 φ_1 变化，除 φ_1 与所建立的优化变量以外，M 点坐标表达式中还包含连杆 BC 相对机架 AD 的转角 φ_2 这一变量，该变量可表示为

$$\varphi_2 = \arccos \frac{l_2^2 + r^2 - l_3^2}{2 l_2 r} - \beta \tag{4.6-3}$$

式(4.6-3)中，B 点与 D 点间距 r 可表示为

$$r = \sqrt{l_1^2 + l_4^2 - 2 l_1 l_4 \cos \varphi_1} \tag{4.6-4}$$

B 点与 D 点连线相对机架 AD 的方向角 β 可表示为

$$\beta = \arcsin \frac{l_1 \sin \varphi_1}{r} \tag{4.6-5}$$

将式(4.6-3)～式(4.6-5)代入式(4.6-2)，可将 M 点坐标表达为 φ_1 与所建立的优化变量的函数。

设给定的目标轨迹点的数量为 n，坐标分别为$(x_i, y_i)(i=1,2,3,\cdots,n)$。将曲柄 AB 一周的转角 n 等分，得到 $\varphi_1=\varphi_{1i}(i=1,2,3,\cdots,n)$，并将其带入式(4.6-2)可得到点 M 的 n 组坐标$(x_{Mi}, y_{Mi})(i=1,2,3,\cdots,n)$。为了使点 M 的运动轨迹$(x_{Mi}, y_{Mi})(i=1,2,3,\cdots,n)$最逼近预定轨迹$(x_i, y_i)(i=1,2,3,\cdots,n)$，以 n 个点的累计误差最小可建立目标函数

$$f(\boldsymbol{x})=\sum_{i=1}^{n}\sqrt{(x_{Mi}-x_i)^2+(y_{Mi}-y_i)^2} \tag{4.6-6}$$

(3) 约束条件

根据机构中存在曲柄，且曲柄 AB 为最短杆的条件，可建立约束方程

$$\begin{cases} g_1(\boldsymbol{x})=l_1-l_2\leqslant 0 \\ g_2(\boldsymbol{x})=l_1-l_3\leqslant 0 \\ g_3(\boldsymbol{x})=l_1-l_4\leqslant 0 \\ g_4(\boldsymbol{x})=(l_1+l_4)-(l_2+l_3)\leqslant 0 \\ g_5(\boldsymbol{x})=(l_1+l_2)-(l_3+l_4)\leqslant 0 \\ g_6(\boldsymbol{x})=(l_1+l_3)-(l_2+l_4)\leqslant 0 \end{cases} \tag{4.6-7}$$

根据机构传动角大于许用值 $\gamma_{\min}$ 的要求，可建立约束方程

$$\begin{cases} g_7(\boldsymbol{x})=l_2^2+l_3^2-(l_4-l_1)^2-2l_2l_3\cos(\gamma_{\min})\leqslant 0 \\ g_8(\boldsymbol{x})=(l_4+l_1)^2-l_2^2-l_3^2+2l_2l_3\cos(\pi-\gamma_{\min})\leqslant 0 \end{cases} \tag{4.6-8}$$

综上，按预定运动轨迹优化设计铰链四杆机构的数学建模建立完毕。

4.6.2 MATLAB 程序设计

对于图 4.6-1 所示机构，给定预定运动轨迹上 10 个点的坐标如表 4.6-1 所列(坐标单位：mm)，且要求机构的许用最小传动角 $\gamma_{\min}=30°$。基于所建立的数学模型，利用 MATLAB 编写程序可完成机构的优化设计设计。

表 4.6-1　预定运动轨迹上点的坐标

坐　标	1	2	3	4	5	6	7	8	9	10
x_i	658	912	950	900	796	565	436	324	326	479
y_i	800	789	826	887	951	994	970	900	836	811

本例使用 MATLAB 分别建立主程序“main_path_generation_optimization. m”、目标函数子程序“linkobjfun. m”和约束方程子程序“linkconfun. m”完成机构的优化设计。程序的代码及注释如下。

主程序“main_path_generation_optimization. m”的代码及注释：

```
clear;                                          %清空工作区
%以下声明全局变量
global x y hd du
%以下给定目标轨迹
```

```
x=[658, 912, 950, 900, 796, 565, 436, 324, 326, 479, 658];
y=[800, 789, 826, 887, 951, 994, 970, 900, 836, 811, 800];
%以下给定角度与弧度单位转换计算常量
hd=pi/180; du=180/pi;
%以下给定优化变量的初始值与上下限
z0=[200, 500, 500, 500, 500, 200, 200, 20, -40];            %初始值
lb=[0, 1, 1, 1, 1, 0, 0, 0, -100];                          %下限
ub=[400, 900, 900, 900, 900, 400, 400, 100, 0];             %上限
%以下给定线性不等式约束,式(4.6-7)
A=[1, -1, 0, 0, 0, 0, 0, 0, 0;
   1, 0, -1, 0, 0, 0, 0, 0, 0;
   1, 0, 0, -1, 0, 0, 0, 0, 0;
   1, -1, -1, 1, 0, 0, 0, 0, 0;
   1, 1, -1, -1, 0, 0, 0, 0, 0;
   1, -1, 1, -1, 0, 0, 0, 0, 0;];
b=[0; 0; 0; 0; 0; 0];
%以下进行优化求解
options = optimset('largescale', 'off', 'TolFun', 1e-12);  %优化设置
[z,fval, exiflag]=fmincon('linkobjfun',z0, A, b, [], [], lb, ub,'linkconfun', options);
l1=z(1); l2=z(2); l3=z(3); l4=z(4); l5=z(5);                %优化得到构件长度
xA=z(6); yA=z(7);                                           %优化得到A点坐标
theta=z(8); phi0=z(9);                                      %优化得到机构角度参数
%以下绘制连杆曲线
for n=1:361                                                 %循环结构,位置间隔1deg
   phi1=1*(n-1);                                            %曲柄AB转角
   r=sqrt(l1^2+l4^2-2*l1*l4*cos(phi1*hd));                  %BD长度,式(4.6-4)
   beta=asin(l1*sin(phi1*hd)/r)*du;                         %BD方向角,式(4.6-5)
   phi2 =acos((l2^2+r^2-l3^2)/(2*l2*r))*du-beta;            %连杆BC转角,式(4.6-3)
   xM(i)=xA+l1*cos((phi0+phi1)*hd)+l5*cos((theta+phi2+phi0)*hd);
                                                            %M点坐标,式(4.6-2)
   yM(i)=yA+l1*sin((phi0+phi1)*hd)+l5*sin((theta+phi2+phi0)*hd);
end                                                         %循环结构结束
figure(1)                                                   %创建绘图窗口
set(gcf,'unit','centimeters','position',[1,2,22,12]);
hold on; box on; grid on
plot(x,y,'--','Linewidth',2);                               %目标轨迹
plot(xM,yM,'-','Linewidth',2);                              %连杆曲线
title('Link path','FontSize',16);
xlabel('x'(mm),'FontSize',12);
ylabel('y'(mm),'FontSize',12);
legend('x,y','x_{M},y_{M}');
axis([200 1000 700 1100]);
set(gca,'xtick',200:200:1000);
set(gca,'xticklabel',{200,400,600,800,1000},'FontSize',12);
set(gca,'ytick',700:100:1100);
set(gca,'yticklabel',{700,800,900,1000,1100},'FontSize',12);
```

子程序“linkobjfun.m”的代码及注释：

```
functionf_sum = linkobjfun(z)                                   % 函数名
% 以下声明全局变量
global x y hd du
% 以下定义优化变量
l1 = z(1); l2 = z(2); l3 = z(3); l4 = z(4); l5 = z(5);          % 构件长度
xA = z(6); yA = z(7);                                           % A 点坐标
theta = z(8); phi0 = z(9);                                      % 角度参数
% 以下建立目标函数
f_sum = 0;                                                      % 累计误差初始值
for n = 1:11                                                    % 循环结构,位置间隔 36deg
    phi1 = (i - 1) * 36;                                        % 曲柄 AB 转角
    r = sqrt(l1^2 + l4^2 - 2 * l1 * l4 * cos(phi1 * hd));       % BD 长度,式(4.6-4)
    beta  = asin(l1 * sin(phi1 * hd)/r) * du;                   % BD 方向角,式(4.6-5)
    phi2  = acos((l2^2 + r^2 - l3^2)/(2 * l2 * r)) * du - beta; % 连杆 BC 转角,式(4.6-3)
    xM(i) = xA + l1 * cos((phi0 + phi1) * hd) + l5 * cos((theta + phi2 + phi0) * hd);
                                                                % M 点坐标,式(4.6-2)
    yM(i) = yA + l1 * sin((phi0 + phi1) * hd) + l5 * sin((theta + phi2 + phi0) * hd);
    f_sum = f_sum + sqrt((xM(i) - x(i))^2 + (yM(i) - y(i))^2);  % 计算累计误差
end                                                             % 循环结构结束
end                                                             % 函数结束
```

子程序“linkconfun.m”的代码及注释：

```
function [c,ceq] = linkconfun(z)                                % 函数名
% 以下定义优化变量
l1 = z(1); l2 = z(2); l3 = z(3); l4 = z(4); l5 = z(5);          % 构件长度
xA = z(6); yA = z(7);                                           % A 点坐标
theta = z(8); phi0 = z(9);                                      % 角度参数
% 以下建立非线性不等式约束, % 式(4.6-8)
c = [l2^2 + l3^2 - (l4 - l1)^2 - 2 * l2 * l3 * cos(pi/6);
    (l4 + l1)^2 - l2^2 - l3^2 + 2 * l2 * l3 * cos(5 * pi/6)];
% 以下建立非线性等式约束
ceq = [];
end                                                             % 函数结束
```

程序运行后得到机构参数及轨迹累计偏差为

$$\left.\begin{array}{llll} l_1=144.2024\ \text{mm}, & l_2=835.6568\ \text{mm}, & l_3=769.2133\ \text{mm}, & \\ l_4=570.3773\ \text{mm}, & l_5=897.8902\ \text{mm}, & x_A=260.7072\ \text{mm}, & \\ y_A=72.8423\ \text{mm}, & \theta=56.6127^\circ, & \varphi_0=-53.6946^\circ, & f=207.5693\ \text{mm} \end{array}\right\} \tag{4.6-9}$$

程序绘制的机构连杆曲线及目标点轨迹如图 4.6-2 所示。

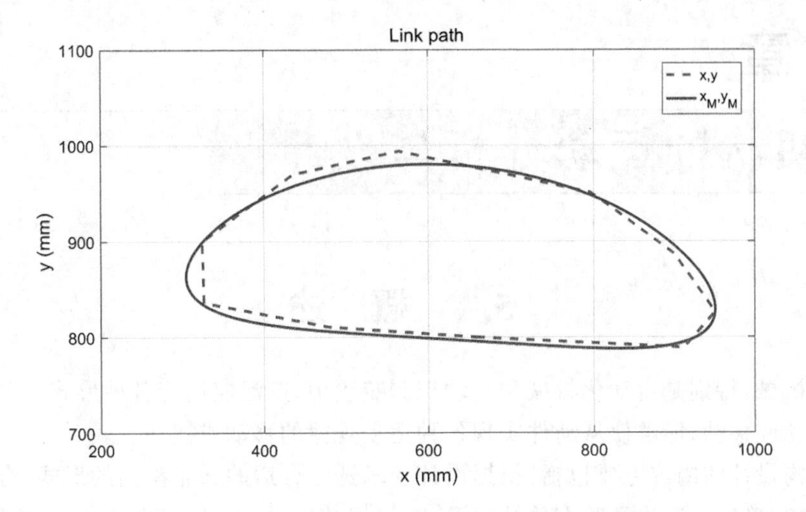

图 4.6-2 铰链四杆机构连杆曲线与预定轨迹

第 5 章

凸轮机构的运动分析与设计

5.1 概　述

在各种机械,特别是自动化机械和自动控制装置中,广泛应用着各种形式的凸轮机构。凸轮的等速转动或移动,能够使从动件实现各种运动规律的移动或摆动。

凸轮机构设计的内容主要包括:根据设计要求选定合适的凸轮机构的形式、合理选择从动件的运动规律、确定基圆半径等有关结构尺寸、根据从动件的运动规律设计凸轮轮廓曲线、对分析结果进行必要的分析验算。其中,设计凸轮的轮廓曲线是最重要的一项内容。

凸轮机构的设计方法同样主要有图解法和解析法,而对凸轮机构进行运动分析,除了可以使用以上两种方法,还可使用实验法。本章重点基于实例讲解解析法在凸轮轮廓曲线设计及机构传力性能分析方面的应用。所选实例分别为偏置直动滚子从动件盘形凸轮机构设计、对心直动平底从动件盘形凸轮机构设计、以及摆动滚子从动件盘形凸轮机构设计。在实例讲解过程中,同时介绍了 MATLAB 与 ADAMS 软件在凸轮机构设计与运动分析中的应用。

5.2 偏置直动滚子从动件盘形凸轮机构设计

5.2.1 数学建模

如图 5.2-1 所示的偏置直动滚子从动件盘形凸轮机构,已知凸轮以等角速度 ω 逆时针转

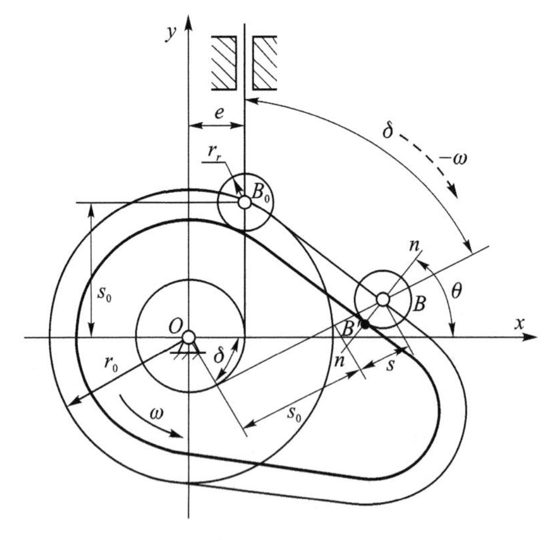

图 5.2-1　偏置直动滚子从动件盘形凸轮机构轮廓曲线

动，凸轮基圆半径为 r_0，滚子半径为 r_r，推杆位于凸轮回转中心右侧，偏距为 e，推杆位移 s 相对凸轮转角 δ 变化的运动规律为 $s=s(\delta)$。使用解析法进行凸轮轮廓曲线设计的主要任务是根据已确定的几何参数与运动参数，建立凸轮轮廓曲线上点的坐标（$x_{B'}$，$y_{B'}$）与凸轮转角 δ 的函数关系。

(1) 轮廓曲线设计

在图 5.2-1 中凸轮的回转中心处建立坐标系 Oxy，B_0 为推程起始位置时滚子中心所处的位置。根据反转法原理，在凸轮转过角度 δ 后，滚子中心位于 B 点，从动件位移为 s。在坐标系 Oxy 中，滚子中心 B 点的坐标可表示为

$$\begin{cases} x_B=(s_0+s)\sin\delta+e\cos\delta \\ y_B=(s_0+s)\cos\delta-e\sin\delta \end{cases} \tag{5.2-1}$$

式中，$s_0=\sqrt{r_0^2-e^2}$。式(5.2-1)建立了凸轮理论廓线上点的坐标（x_B，y_B）与凸轮转角 δ 的函数关系，为凸轮的理论廓线方程。

凸轮的实际廓线与理论廓线之间在廓线法线方向相差的距离为滚子半径 r_r。设滚子中心 B 点处的理论廓线法线方向为 $n-n$，该方向与 x 轴正向的夹角为 θ，则与滚子中心 B 点对应的凸轮实际廓线上的点 B' 的坐标可以表示为

$$\begin{cases} x_{B'}=x_B-r_r\cos\theta \\ y_{B'}=y_B-r_r\sin\theta \end{cases} \tag{5.2-2}$$

由于曲线上任一点处的法线斜率与切线斜率互为负倒数，故理论廓线上 B 点处的法线斜率可表示为

$$\tan\theta=\frac{\mathrm{d}x_B}{-\mathrm{d}y_B}=\frac{\dfrac{\mathrm{d}x_B}{\mathrm{d}\delta}}{-\dfrac{\mathrm{d}y_B}{\mathrm{d}\delta}} \tag{5.2-3}$$

式(5.2-3)中 B 点坐标对凸轮转角 δ 的导数可由式(5.2-1)求得

$$\begin{cases} \dfrac{\mathrm{d}x_B}{\mathrm{d}\delta}=(s_0+s)\cos\delta+\dfrac{\mathrm{d}s}{\mathrm{d}\delta}\sin\delta-e\sin\delta \\ \dfrac{\mathrm{d}y_B}{\mathrm{d}\delta}=-(s_0+s)\sin\delta+\dfrac{\mathrm{d}s}{\mathrm{d}\delta}\cos\delta-e\cos\delta \end{cases} \tag{5.2-4}$$

由式(5.2-3)可得到式(5.2-3)中 $\sin\theta$ 与 $\cos\theta$ 的表达式

$$\sin\theta=\frac{\dfrac{\mathrm{d}x_B}{\mathrm{d}\delta}}{\sqrt{\left(\dfrac{\mathrm{d}x_B}{\mathrm{d}\delta}\right)^2+\left(\dfrac{\mathrm{d}y_B}{\mathrm{d}\delta}\right)^2}},\quad \cos\theta=\frac{-\dfrac{\mathrm{d}y_B}{\mathrm{d}\delta}}{\sqrt{\left(\dfrac{\mathrm{d}x_B}{\mathrm{d}\delta}\right)^2+\left(\dfrac{\mathrm{d}y_B}{\mathrm{d}\delta}\right)^2}} \tag{5.2-5}$$

将式(5.2-5)代入式(5.2-2)即可建立凸轮实际廓线上点的坐标（$x_{B'}$，$y_{B'}$）与凸轮转角 δ 的函数关系，得到凸轮的实际廓线方程。

(2) 压力角计算

设计凸轮轮廓曲线时，除了要保证推杆按照预定的运动规律运动外，还要求凸轮机构具有良好的力学性能，压力角即是衡量凸轮机构受力情况的一个重要参数。对于图 5.2-2 所示的偏置直动滚子推杆盘形凸轮机构，凸轮逆时针匀速转动的角速度为 ω，推杆推程向上移动的速

度为 v，P 点为凸轮与推杆之间的速度瞬心。根据速度瞬心的性质可得距离 $\overline{OP}$（定义 P 点在 O 点右侧为正）与凸轮转角 δ 之间的函数关系为

$$v=\omega\cdot\overline{OP}\Rightarrow\overline{OP}=\frac{v}{\omega}=\frac{\mathrm{d}s}{\mathrm{d}\delta} \tag{5.2-6}$$

在$\triangle BCP$ 中可得到压力角 α 的正切值

$$\tan\alpha=\frac{|\overline{OP}-e|}{s_0+s}=\frac{\dfrac{\mathrm{d}s}{\mathrm{d}\delta}-e}{\sqrt{r_0^2-e^2}+s} \tag{5.2-7}$$

利用式(5.2-7)即可得到凸轮机构压力角 α 随凸轮转角 δ 的变化情况。

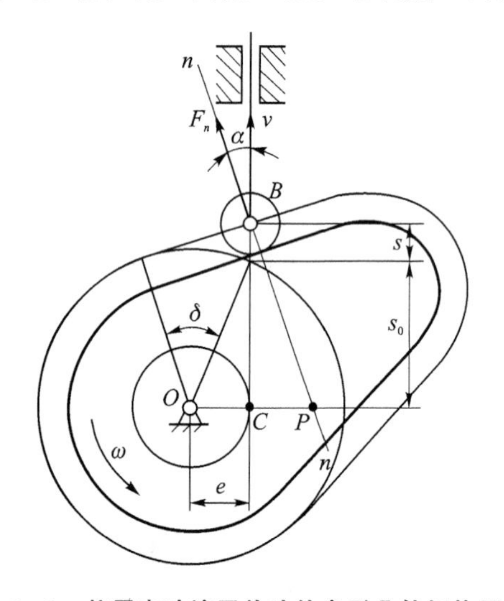

图 5.2-2　偏置直动滚子从动件盘形凸轮机构压力角

5.2.2　MATLAB 程序设计

对于图 5.2-1 所示的凸轮机构，给定如下机构参数的取值：$e=20$ mm，$r_0=60$ mm，$r_r=10$ mm。同时，给定推杆的运动规律如下：推程运动角 $\delta_0=100°$，远休止角 $\delta_{01}=60°$，回程运动角 $\delta_0'=90°$，近休止角 $\delta_{02}=110°$；推程以等加速等减速运动规律运动，行程 $h=60$ mm，回程以简谐运动规律运动。推程过程的许用压力角为 $\alpha=30°$。基于所建立的数学模型，利用 MATLAB 编写程序可对机构进行设计。

首先，根据给定的推杆运动规律可建立推杆运动方程式 $s=s(\delta)$，如下：

$$s(\delta)=\begin{cases} 2h\dfrac{\delta^2}{\delta_0^2} & 0<\delta\leqslant\dfrac{\delta_0}{2} \\ h-2h\dfrac{(\delta_0-\delta)^2}{\delta_0^2} & \dfrac{\delta_0}{2}<\delta\leqslant\delta_0 \\ h & \delta_0<\delta\leqslant\delta_0+\delta_{01} \\ \dfrac{h}{2}\left\{1+\cos\left[\dfrac{\pi(\delta-\delta_0-\delta_{01})}{\delta_0'}\right]\right\} & \delta_0+\delta_{01}<\delta\leqslant\delta_0+\delta_{01}+\delta_0' \\ 0 & \delta_0+\delta_{01}+\delta_0'<\delta\leqslant 2\pi \end{cases} \tag{5.2-8}$$

进而，将推杆位移 $s(\delta)$ 对凸轮转角 δ 求导可得

$$\frac{\mathrm{d}s}{\mathrm{d}\delta}=\begin{cases}4h\dfrac{\delta}{\delta_0^2} & 0<\delta\leqslant\dfrac{\delta_0}{2}\\ 4h\dfrac{\delta_0-\delta}{\delta_0^2} & \dfrac{\delta_0}{2}<\delta\leqslant\delta_0\\ 0 & \delta_0<\delta\leqslant\delta_0+\delta_{01}\\ -\dfrac{h}{2}\dfrac{\pi}{\delta_0'}\sin\left[\dfrac{\pi(\delta-\delta_0-\delta_{01})}{\delta_0'}\right] & \delta_0+\delta_{01}<\delta\leqslant\delta_0+\delta_{01}+\delta_0'\\ 0 & \delta_0+\delta_{01}+\delta_0'<\delta\leqslant 2\pi\end{cases}\tag{5.2-9}$$

使用 MATLAB 建立程序“reciprocating_roller_follower. m”完成机构设计。程序的代码及注释如下：

```
clear;                                                  %清空工作区
%以下给定已知数据
r0 = 60;                                                %基圆半径
rr = 10;                                                %滚子半径
h = 60;                                                 %行程
e = 20;                                                 %偏距
s0 = sqrt(r0^2 - e^2);                                  %基圆内位移
delta0 = 100;                                           %推程运动角(等加速等减速)
delta01 = 60;                                           %远休止角
delta0p = 90;                                           %回程运动角(余弦加速度)
hd = pi/180; du = 180/pi;                               %角度单位转换
%以下进行设计计算
fori = 1:361                                            %循环结构,位置间隔 1deg
    delta(i) = i - 1;                                   %凸轮转角
    ifdelta(i) <= delta0/2                              %推程等加速
        s(i) = 2 * h * delta(i)^2/delta0^2;             %推杆位移,式(5.2-8)
        ds(i) = 4 * h * (delta(i) * hd)/(delta0 * hd)^2;  %位移对转角的导数,式(5.2-9)
    elseif delta(i) > delta0/2 && delta(i) <= delta0    %推程等减速
        s(i) = h - 2 * h * (delta0 - delta(i))^2/delta0^2;
        ds(i) = 4 * h * (delta0 - delta(i)) * hd/(delta0 * hd)^2;
    elseif delta(i) > delta0 && delta(i) <= (delta0 + delta01)   %远休止
        s(i) = h;
        ds(i) = 0;
    elseif delta(i) > (delta0 + delta01) && delta(i) <= (delta0 + delta01 + delta0p)
                                                        %回程
        s(i) = (h/2) * (1 + cos(pi * (delta(i) - delta0 - delta01)/delta0p));
        ds(i) = - (h/2) * pi * sin((pi * (delta(i) - delta0 - delta01))/delta0p)/(delta0p * hd);
    else                                                %近休止
        s(i) = 0;
        ds(i) = 0;
    end                                                 %条件结构结束
    xB(i) = (s0 + s(i)) * sin(delta(i) * hd) + e * cos(delta(i) * hd);   %理论廓线,式(5.2-1)
```

```
    yB(i) = (s0 + s(i)) * cos(delta(i) * hd) - e * sin(delta(i) * hd);
    dxB(i) = (s0 + s(i)) * cos(delta(i) * hd) + (ds(i) - e) * sin(delta(i) * hd);
                                                    %理论廓线对转角的导数,式(5.2-4)
    dyB(i) = - (s0 + s(i)) * sin(delta(i) * hd) + (ds(i) - e) * cos(delta(i) * hd);
    s_theta(i) = dxB(i)/sqrt(dxB(i)^2 + dyB(i)^2); %理论廓线法向,式(5.2-5)
    c_theta(i) = - dyB(i)/sqrt(dxB(i)^2 + dyB(i)^2);
    xBp(i) = xB(i) - rr * c_theta(i);               %实际廓线,式(5.2-2)
    yBp(i) = yB(i) - rr * s_theta(i);
    alpha(i) = abs(atan((ds(i) - e)/(s0 + s(i))) * du);   %压力角
end                                                 %循环结构结束
%以下绘制结果曲线
figure (1)                                          %创建绘图窗口 1
set(gcf,'unit','centimeters','position',[1,2,20,10]);
hold on; box on; grid on
plot(delta,s,'-','Linewidth',2)                     %推杆位移线图
title('Follower displacement','FontSize',16);
xlabel('\delta (deg)','FontSize',12);
ylabel('s (mm)','FontSize',12);
axis([0 360 0 80]);
set(gca,'xtick',0:60:360);
set(gca,'xticklabel',{0,60,120,180,240,300,360},'FontSize',12);
set(gca,'ytick',0:20:80);
set(gca,'yticklabel',{0,20,40,60,80},'FontSize',12);
figure (2)                                          %创建绘图窗口 2
axis equal
set(gcf,'unit','centimeters','position',[1,2,15,15]);
hold on; box on; grid on
plot(xB,yB,'--','Linewidth',2)                      %凸轮理论廓线
plot(xBp,yBp,'-','Linewidth',2)                     %凸轮实际廓线
plot(0,0,'o','Linewidth',2)                         %凸轮回转中心
title('Cam profile','FontSize',16);
xlabel('x (mm)','FontSize',12);
ylabel('y (mm)','FontSize',12);
legend('Pitchcurve','Actual profile');
axis([-80 140 -140 80]);
set(gca,'xtick',-60:30:120);
set(gca,'xticklabel',{-60,-30,0,30,60,90,120},'FontSize',12);
set(gca,'ytick',-120:30:60);
set(gca,'yticklabel',{-120,-90,-60,-30,0,30,60},'FontSize',12);
figure (3)                                          %创建绘图窗口 3
set(gcf,'unit','centimeters','position',[1,2,20,10]);
hold on; box on; grid on
plot(delta,alpha,'-','Linewidth',2)                 %压力角变化曲线
title('Pressure angle','FontSize',16);
xlabel('\delta (deg)','FontSize',12);
```

```
ylabel('\alpha (deg)','FontSize',12);
axis([0 360 0 60]);
set(gca,'xtick',0:60:360);
set(gca,'xticklabel',{0,60,120,180,240,300,360},'FontSize',12);
set(gca,'ytick',0:10:60);
set(gca,'yticklabel',{0,10,20,30,40,50,60},'FontSize',12);
```

程序运行后得到凸轮轮廓曲线，以及推杆位移与机构压力角随凸轮转角的变化情况分别如图 5.2-3(a)～(c)所示。由图 5.2-3 可知，推程阶段机构压力角变化的最大值未超过许用值，所设计凸轮机构的受力情况满足要求。

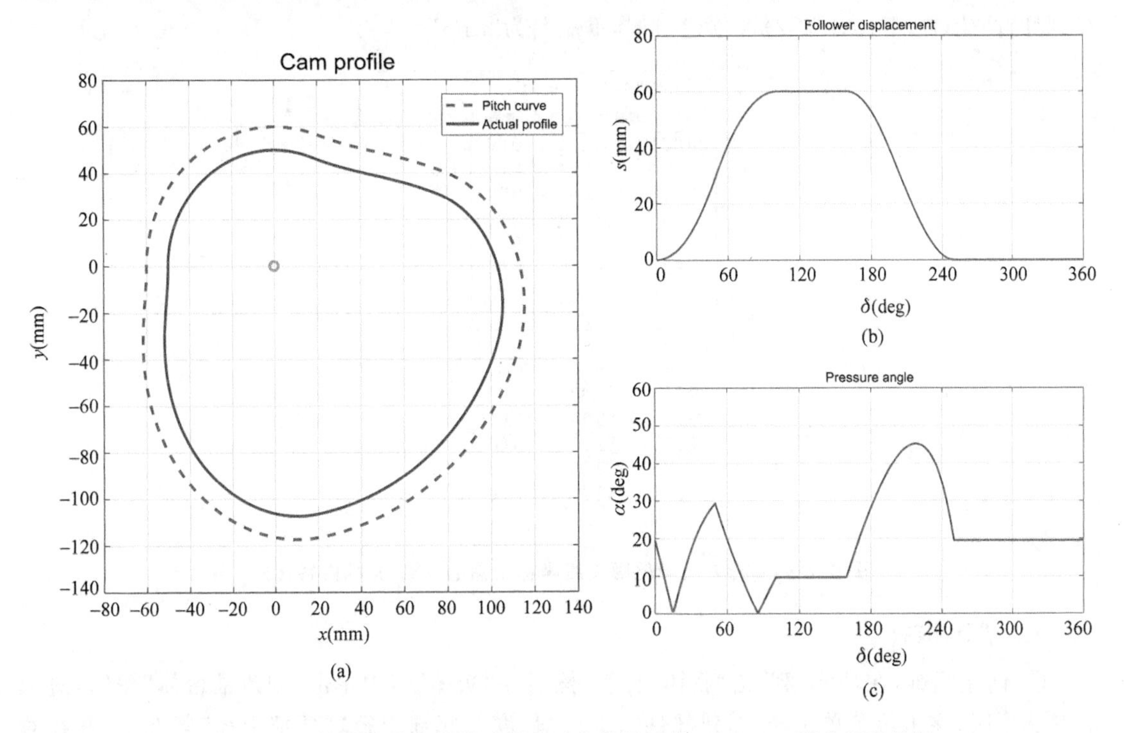

图 5.2-3　偏置直动滚子从动件盘形凸轮设计的 MATLAB 程序运行结果

5.2.3　ADAMS 建模与仿真

针对 5.2.2 小节给定的条件，利用 ADAMS 软件可对凸轮机构进行建模并仿真输出推杆的运动变化曲线，具体操作过程如下(为简化建模过程，将本例的滚子推杆简化为尖顶在滚子中心处的尖顶推杆)。

1. 创建项目并设置工作环境

① 启动 ADAMS，创建名为“cam_mechanism”的新项目并保存。

② 设置单位、工作栅格及图标大小，并打开光标位置显示窗口。

2. 创建凸轮

① 创建样条曲线：在功能区单击“物体”标签，在“基本形状”组内单击“样条曲线”按钮，在展开的选项区中的下拉菜单选择“新建部件”→“点”，然后在工作区从(0,0,0)位置开始依次

任意单击选取若干位置绘制一条闭合的曲线，最后一个位置仍然选择(0,0,0)，右击完成样条曲线绘制。

② 替换理论廓线：在工作区右击所创建的样条曲线，在展开的选项区选择“--Bspline：GCURVE_1”→“修改”，展开“Modify a Geometric Spline”对话框，单击“坐标值表”按钮，展开“Location Table”对话框，单击“读取”按钮，选中保存有凸轮理论廓线坐标的TXT文档(理论廓线坐标可从MATLAB工作区中的变量复制，TXT文档的格式要求见图5.2-4)，单击“确认”按钮，完成凸轮理论廓线的创建。

③ 创建凸轮：在功能区“物体”按钮，“实体”组内单击“创建拉伸体”按钮，在展开的选项区中选择“添加到现有部件”→“曲线”→“圆心”，“长度”输入“10”，单击工作区中的凸轮理论廓线，此时凸轮(构件PART_2)被创建，将其重命名为“cam”。

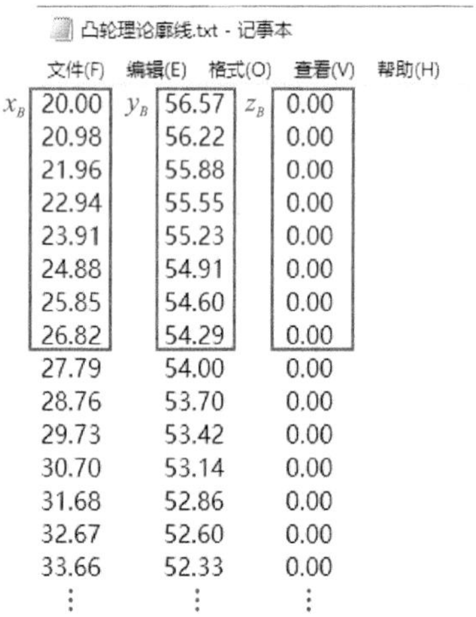

凸轮理论廓线.txt - 记事本

文件(F) 编辑(E) 格式(O) 查看(V) 帮助(H)

x_B	y_B	z_B
20.00	56.57	0.00
20.98	56.22	0.00
21.96	55.88	0.00
22.94	55.55	0.00
23.91	55.23	0.00
24.88	54.91	0.00
25.85	54.60	0.00
26.82	54.29	0.00
27.79	54.00	0.00
28.76	53.70	0.00
29.73	53.42	0.00
30.70	53.14	0.00
31.68	52.86	0.00
32.67	52.60	0.00
33.66	52.33	0.00
⋮	⋮	⋮

图5.2-4 导入凸轮轮廓曲线坐标所需的TXT文档内容格式

3. 创建推杆

① 创建圆锥：在功能区单击“物体”标签，然后在“实体”组内单击“创建锥台体”按钮，进入展开选项区，在下拉菜单选择“新建部件”，选择“长度”“底部半径”“顶部半径”复选框，并在对应的框中分别输入“20”“5”“0.01”，在工作区单击(20,80,0)位置，再单击(20,60,0)位置，此时推杆的尖端被创建。

② 创建圆柱：在功能区单击“物体”标签，在“实体”组内单击“创建圆柱体”按钮，进入展开选项区，在下拉菜单选中“添加到现有部件”，选择“长度”“半径”复选框，并在对应的框中分别输入“80”“5”，然后在工作区单击已创建的推杆尖端“PART3”，再单击推杆尖端“PART3”上方的“MARKER_3”，上移光标，当出现圆柱体时单击工作区，推杆被创建，将其重命名为“follower”。

4. 创建运动副、施加运动

① 创建转动副：在功能区单击“连接”标签，在“运动副”组内单击“创建转动副”按钮，在“构建方式”的下拉菜单选择“2个物体—1个位置”→“垂直栅格”，在工作区依次单击凸轮cam和大地ground，再单击选择凸轮cam的“MARKER_1”，此时转动副“JOINT_1”被创建。

② 创建移动副：在功能区单击“连接”标签，在“运动副”组内单击“创建移动副”按钮，进入

展开选项区，在“构建方式”下拉菜单选择“2个物体-1个位置”→“选取几何特征”，在工作区依次单击推杆 follower 和大地 ground，再单击推杆 follower 中心标记点 cm，竖直上移光标，当光标窗口出现“cm. Z”时再次单击工作区域，移动副“JOINT_2”被创建。

③ 创建凸轮副：在功能区单击“物体”标签，在“基本形状”组内单击“标记点”按钮，进入展开选项区，在下拉菜单选中“添加到现有部件”，在工作区单击推杆 follower，在推杆 follower 尖端右击，弹出 Select 窗口，选择“FRUSTUM. E2”，单击“确定”按钮创建标记点“MARKER_9”；然后在功能区单击“连接”按钮，在“特殊约束”组内单击“点线约束”按钮，依次单击推杆 follower 尖端标记点“MARKER_9”和凸轮轮廓曲线“cam. GCURVE_1”，此时凸轮副被创建。

④ 施加运动：在功能区单击“驱动”标签，在“运动副驱动”组内单击“旋转驱动”按钮，在“旋转速度”框内输入“30”，在工作区单击“JOINT_1”，运动“MOTION_1”被创建。

⑤ 装配模型保存：在功能区单击“仿真”标签，然后在“仿真分析”组内单击“运行交互仿真”按钮，在展开的“Simulation Control”对话框中，单击“运行初始条件求解”按钮，完成模型装配，再单击“Simulation Control”对话框中的“保存模型”按钮，进入“Save Model at Simulation Position”对话框，单击“确定”按钮完成模型保存。

至此，机构构件、运动副及运动创建完毕，创建结果如图5.2-5所示。

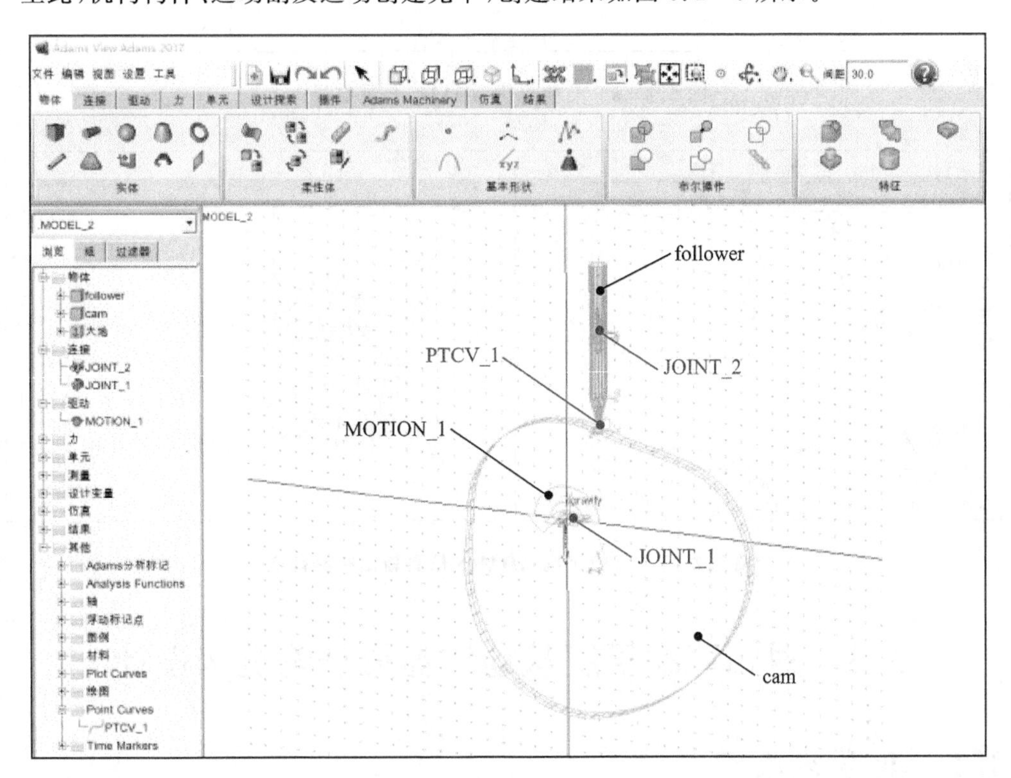

图5.2-5 凸轮机构构件、运动副与运动的创建

5. 仿真与测量

① 运行仿真：在功能区单击“仿真”标签，然后在“仿真分析”组内单击“运行交互仿真”按钮，展开“Simulation Control”对话框，在“终止时间”栏输入“12.0”，在“步数”栏输入“200”，最后单击“开始仿真”按钮。

② 创建推杆的测量:在工作区右击推杆 follower,在弹出的下拉菜单中选择“Part: follower”→“测量”,进入“Part Measure”对话框,在“特征”下拉菜单中选择“质心位置”或“质心速度”,在“分量”处选择“Y”,然后单击“确定”按钮,可弹出推杆位移或速度测量窗口。

ADAMS 最终输出的推杆的位移与速度曲线如图 5.2-6 所示。仿真结果输出视频的截图如图 5.2-7 所示,扫描二维码可观看仿真输出视频。

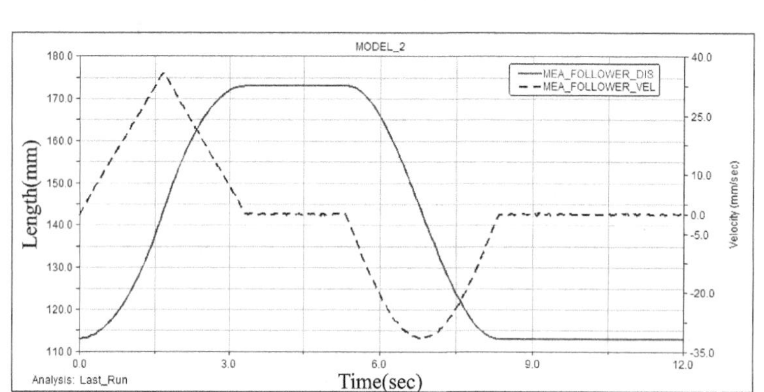

图 5.2-6 凸轮机构 ADAMS 仿真结果

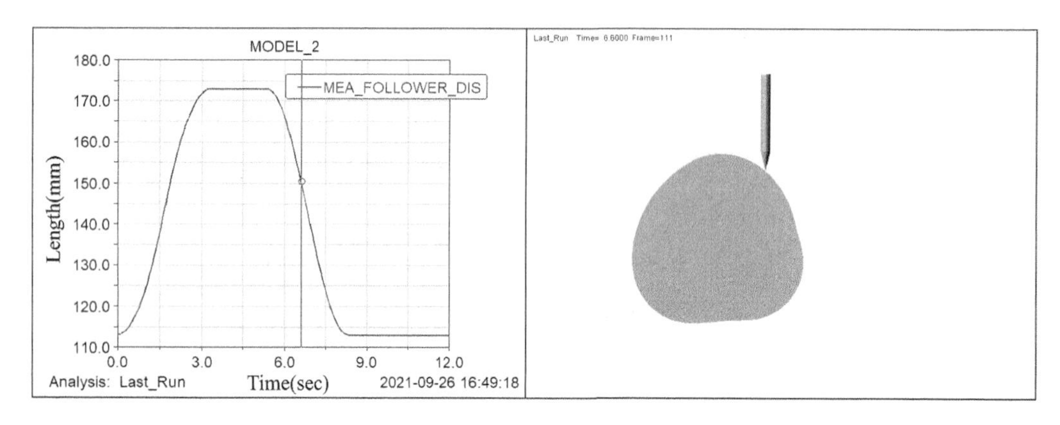

图 5.2-7 凸轮机构 ADAMS 仿真输出视频截图

5.3 对心直动平底从动件盘形凸轮机构设计

5.3.1 数学建模

如图 5.3-1 所示的对心直动平底从动件盘形凸轮机构,已知凸轮以等角速度 ω 逆时针转动,凸轮基圆半径为 r_0,推杆位移 s 随凸轮转角 δ 变化的运动规律为 $s=s(\delta)$。使用解析法进行凸轮轮廓曲线设计的主要任务是根据已确定的几何参数与运动参数,建立凸轮轮廓曲线上点的坐标(x_B,y_B)与凸轮转角 δ 的函数关系。

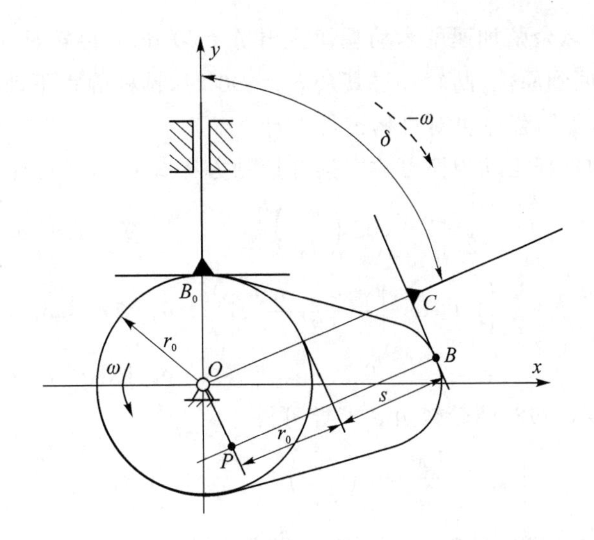

图 5.3-1 对心直动平底从动件凸轮机构轮廓曲线

(1) 轮廓曲线设计

在图 5.3-1 中凸轮的回转中心处建立坐标系 Oxy。推杆处于推程起始位置时，与凸轮在 B_0 点接触。根据反转法原理，在凸轮转过角度 δ 后，推杆平底与凸轮在 B 点接触，推杆位移为 s。此时，过高副接触点 B 所作的公法线 BP，与过凸轮回转中心所作的推杆导路垂线 OP 交于 P 点，P 点即为凸轮与推杆的速度瞬心。在坐标系 Oxy 中，凸轮轮廓曲线上 B 点的坐标可表示为

$$\begin{cases} x_B = (r_0 + s)\sin\delta + \overline{OP}\cos\delta \\ y_B = (r_0 + s)\cos\delta - \overline{OP}\sin\delta \end{cases} \tag{5.3-1}$$

式(5.3-1)建立了凸轮理论廓线上点的坐标(x_B, y_B)与凸轮转角 δ 的函数关系，为凸轮的轮廓曲线方程。式(5.3-1)中距离 $\overline{OP}$(定义 P 点在 O 点右侧为正)与凸轮转角 δ 的函数关系可由速度瞬心的性质获得

$$\begin{gathered} v = \omega \cdot \overline{OP} \\ \Downarrow \\ \overline{OP} = \frac{v}{\omega} = \frac{\mathrm{d}s}{\mathrm{d}\delta} \end{gathered} \tag{5.3-2}$$

式中，v 为推杆移动速度。

(2) 平底尺寸的确定

对于图 5.3-1 所示的凸轮机构，为避免运动失真现象，应保证推杆的平底在机构运动过程中时时与凸轮保持接触。在确定距离 $\overline{OP}$ 在机构运动过程中的绝对值的最大值 $|\overline{OP}|_{\max}$ 后，可确定平底长度 L

$$L = \left[2|\overline{OP}|_{\max} + (5 \sim 7)\right]\mathrm{mm} = \left[2\left|\frac{\mathrm{d}s}{\mathrm{d}\delta}\right|_{\max} + (5 \sim 7)\right]\mathrm{mm} \tag{5.3-3}$$

5.3.2 MATLAB 程序设计

对于图 5.2-1 所示的凸轮机构，给定基圆半径为 $r_0 = 30$ mm。凸轮逆时针转动，当凸轮

转过 $\delta_0=120°$ 时，推杆以余弦加速度运动规律上升 $h=20$ mm，再转过 $\delta'_0=150°$ 时，推杆又以余弦加速度运动规律回到原位，凸轮转过其余 $\delta_{02}=90°$ 时，推杆静止不动。基于所建立的数学模型，利用 MATLAB 编写程序可对机构进行设计。

首先，根据给定的推杆运动规律可建立推杆运动方程式 $s=s(\delta)$，有

$$s(\delta)=\begin{cases}\dfrac{h}{2}\left[1-\cos\left(\dfrac{\pi\delta}{\delta_0}\right)\right] & 0<\delta\leqslant\delta_0\\ \dfrac{h}{2}\left\{1+\cos\left[\dfrac{\pi(\delta-\delta_0)}{\delta'_0}\right]\right\} & \delta_0<\delta\leqslant\delta_0+\delta'_0\\ 0 & \delta_0+\delta'_0<\delta\leqslant 2\pi\end{cases}\tag{5.3-4}$$

进而，将推杆位移 $s(\delta)$ 对凸轮转角 δ 求导可得

$$s(\delta)=\begin{cases}\dfrac{h\pi}{2\delta_0}\sin\left(\dfrac{\pi\delta}{\delta_0}\right) & 0<\delta\leqslant\delta_0\\ -\dfrac{h\pi}{2\delta'_0}\sin\left[\dfrac{\pi(\delta-\delta_0)}{\delta'_0}\right] & \delta_0<\delta\leqslant\delta_0+\delta'_0\\ 0 & \delta_0+\delta'_0<\delta\leqslant 2\pi\end{cases}\tag{5.3-5}$$

使用 MATLAB 建立程序“reciprocating_flatfaced_follower. m”完成机构设计。程序的代码及注释如下。

```
clear;                                              %清空工作区
%以下给定已知数据
r0 = 60;                                            %基圆半径
h = 60;                                             %行程
delta0 = 120;                                       %推程运动角(余弦加速度)
delta0p  = 150;                                     %回程运动角(余弦加速度)
hd = pi/180; du = 180/pi;                           %角度单位转换
%以下进行设计计算
for n = 1:361                                       %循环结构,位置间隔 1deg
    delta(i) = i - 1;                               %凸轮转角
    ifdelta(i) <=  delta0                           %推程
        s(i) = (h/2) * (1 - cos(pi * delta(i)/delta0));  %推杆位移,式(5.3 - 4)
        ds(i) = (h * pi/(2 * delta0 * hd)) * sin(pi * delta(i)/delta0);
                                                    %位移对转角的导数,式(5.3 - 5)
    elseif delta(i) > delta0 && delta(i) <= (delta0 + delta0p)   %回程
        s(i) = (h/2) * (1 + cos(pi * (delta(i) - delta0)/delta0p));
        ds(i) = - (h * pi/(2 * delta0p * hd)) * sin(pi * (delta(i) - delta0)/delta0p);
    else                                            %近休止
        s(i) = 0;
        ds(i) = 0;
    end                                             %条件结构结束
    xB(i) = (r0 + s(i)) * sin(delta(i) * hd) + ds(i) * cos(delta(i) * hd);
                                                    %凸轮廓线,式(5.3 - 1)
    yB(i) = (r0 + s(i)) * cos(delta(i) * hd) - ds(i) * sin(delta(i) * hd);
```

```
end                                                          % 循环结构结束
% 以下绘制结果曲线
figure (1)                                                   % 创建绘图窗口 1
set(gcf,'unit','centimeters','position',[1,2,20,10]);
hold on; box on; grid on
plot(delta,s,'-','Linewidth',2)                              % 推杆位移线图
title('Follower displacement','FontSize',16);
xlabel('\delta (deg)','FontSize',12);
ylabel('s (mm)','FontSize',12);
axis([0 360 0 30]);
set(gca,'xtick',0:60:360);
set(gca,'xticklabel',{0,60,120,180,240,300,360},'FontSize',12);
set(gca,'ytick',0:10:30);
set(gca,'yticklabel',{0,10,20,30},'FontSize',12);
figure (2)                                                   % 创建绘图窗口 2
axis equal
set(gcf,'unit','centimeters','position',[1,2,15,15]);
hold on; box on; grid on
plot(xB,yB,'-','Linewidth',2)                                % 凸轮廓线
plot(0,0,'o','Linewidth',2)                                  % 凸轮回转中心
title('Cam profile','FontSize',16);
xlabel('x (mm)','FontSize',12);
ylabel('y (mm)','FontSize',12);
axis([-40 60 -60 60]);
set(gca,'xtick',-40:20:60);
set(gca,'xticklabel',{-40,-20,0,20,40,60},'FontSize',12);
set(gca,'ytick',-60:20:60);
set(gca,'yticklabel',{60,-40,-20,0,20,40},'FontSize',12);
figure (3)                                                   % 创建绘图窗口 3
set(gcf,'unit','centimeters','position',[1,2,20,10]);
hold on; box on; grid on
plot(delta,ds,'-','Linewidth',2)                             % 距离 OP
title('OP','FontSize',16);
xlabel('\delta (deg)','FontSize',12);
ylabel('s (mm)','FontSize',12);
axis([0 360 -20 20]);
set(gca,'xtick',0:60:360);
set(gca,'xticklabel',{0,60,120,180,240,300,360},'FontSize',12);
set(gca,'ytick',-20:10:20);
set(gca,'yticklabel',{-20,-10,0,10,20},'FontSize',12);
```

程序运行后得到凸轮轮廓曲线，以及推杆位移和距离 $\overline{OP}$ 随凸轮转角的变化情况分别如图 5.3-2(a)～(c)所示。根据仿真结果结合式(5.3-3)，可取推杆平底宽度 $L=35$ mm。

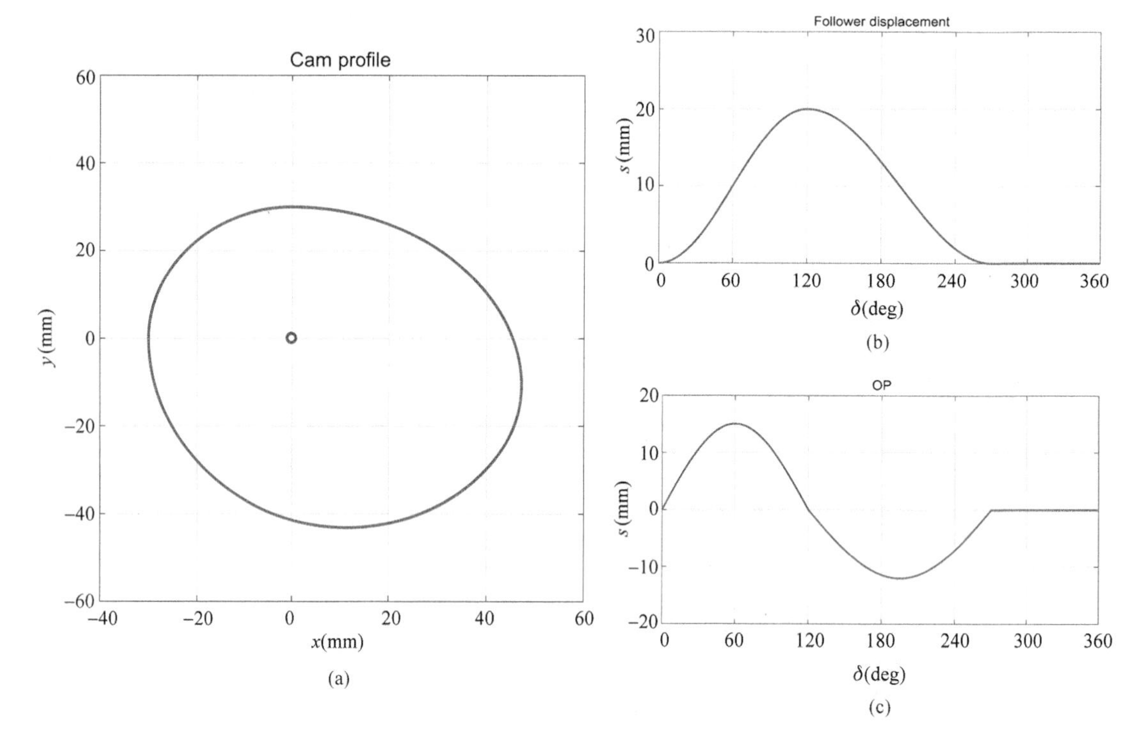

图 5.3-2 对心直动平底从动件凸轮设计的 MATLAB 程序运行结果

5.4 摆动滚子从动件盘形凸轮机构设计

5.4.1 数学建模

如图 5.4-1 所示的摆动滚子从动件盘形凸轮机构，已知凸轮以等角速度 ω 逆时针转动，凸轮基圆半径为 r_0，滚子半径为 r_r，摆杆长度为 l_{AB}，摆杆回转中心与凸轮回转中心间的距离为 l_{OA}，摆杆摆角 φ 随凸轮转角 δ 变化的运动规律为 $\varphi=\varphi(\delta)$。使用解析法进行凸轮轮廓曲线设计的主要任务是根据已确定的几何参数与运动参数，建立凸轮轮廓曲线上点的坐标 $(x_{B'},y_{B'})$ 与凸轮转角 δ 的函数关系。

(1) 轮廓曲线设计

在图 5.4-1 中凸轮的回转中心处建立坐标系 Oxy。B_0 为推程起始位置时滚子中心所处的位置。根据反转法原理，在凸轮转过角度 δ 后，滚子中心位于 B 点，从动件摆角为 φ。在坐标系 Oxy 中，滚子中心 B 点的坐标可表示为

$$\begin{cases}x_B=l_{OA}\sin\delta-l_{AB}\sin(\delta+\varphi+\varphi_0)\\ y_B=l_{OA}\cos\delta-l_{AB}\cos(\delta+\varphi+\varphi_0)\end{cases}\tag{5.4-1}$$

式(5.4-1)建立了凸轮理论廓线上点的坐标 (x_B,y_B) 与凸轮转角 δ 的函数关系，为凸轮的轮廓曲线方程。式(5.4-1)中 φ_0 为摆杆的初始摆角，其值可在 $\triangle A_0B_0O$ 中确定

$$\varphi_0=\text{acrcos}\left(\frac{l_{AB}^2+l_{OA}^2-r_0^2}{2l_{AB}l_{OA}}\right)\tag{5.4-2}$$

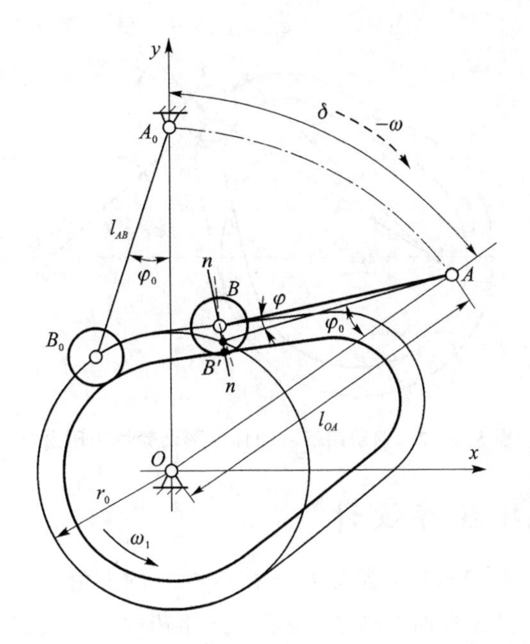

图 5.4-1　摆动滚子从动件盘形凸轮机构轮廓曲线

利用 5.2 节中介绍的方法，可由式(5.4-1)建立凸轮理论廓线方程来得到凸轮实际廓线方程。在此过程中，B 点坐标对凸轮转角 δ 的导数可由式(5.4-1)求得

$$\begin{cases} \dfrac{\mathrm{d}x_B}{\mathrm{d}\delta}=l_{OA}\cos\delta-l_{AB}\left(1+\dfrac{\mathrm{d}\varphi}{\mathrm{d}\delta}\right)\cos(\delta+\varphi+\varphi_0) \\ \dfrac{\mathrm{d}y_B}{\mathrm{d}\delta}=-l_{OA}\sin\delta+l_{AB}\left(1+\dfrac{\mathrm{d}\varphi}{\mathrm{d}\delta}\right)\sin(\delta+\varphi+\varphi_0) \end{cases} \tag{5.4-3}$$

(2) 压力角计算

对于摆动滚子从动件盘形凸轮机构，机构的压力角可根据图 5.4-2 进行计算。图 5.4-2 中，凸轮顺时针匀速转动的角速度为 ω_1，摆杆推程向上摆动的角速度为 ω_2，P 点为凸轮与摆杆之间的速度瞬心。机构的压力角 α 的正切值可在△BDP 中计算

$$\tan\alpha=\frac{\overline{BD}}{\overline{PD}}=\frac{|\overline{AD}-\overline{AB}|}{\overline{PD}}=\frac{|\overline{AP}\cos(\varphi_0+\varphi)-l_{AB}|}{\overline{AP}\sin(\varphi_0+\varphi)} \tag{5.4-4}$$

式(5.4-4)中的距离 $\overline{AP}$ 可根据速度瞬心的性质计算

$$\omega_1\cdot\overline{OP}=\omega_2\cdot\overline{AP}\Rightarrow\frac{\omega_2}{\omega_1}=\frac{\mathrm{d}\varphi/\mathrm{d}t}{\mathrm{d}\delta/\mathrm{d}t}=\frac{d\varphi}{d\delta}=\frac{\overline{OP}}{\overline{AP}}=\frac{\overline{AP}-l_{OA}}{\overline{AP}}$$
$$\Downarrow \tag{5.4-5}$$
$$\overline{AP}=\frac{l_{OA}}{1-\dfrac{\mathrm{d}\varphi}{\mathrm{d}\delta}}$$

利用式(5.4-4)即可得到凸轮机构压力角 α 随凸轮转角 δ 的变化情况。

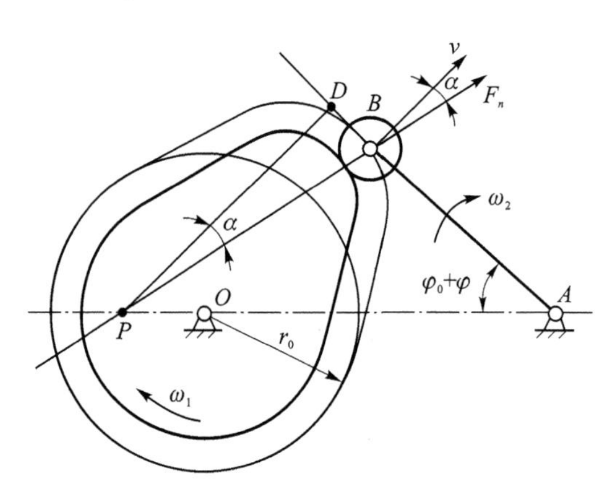

图 5.4-2　摆动滚子从动件盘形凸轮机构压力角

5.4.2　MATLAB 程序设计

对于图 5.4-1 所示的凸轮机构，给定如下机构参数的取值：$l_{OA}=60$ mm，$l_{AB}=50$ mm，$r_0=25$ mm，$r_r=8$ mm。凸轮逆时针转动，要求当凸轮转过 $\delta_0=180°$时，推杆以余弦加速度运动规律向上摆动 $\varphi_h=25°$，经过一周中的其余角度 $\delta_0'=180°$时，推杆以正弦加速度运动规律摆回到原来的位置。推程过程许用压力角为 $\alpha=40°$。基于所建立的数学模型，利用 MATLAB 编写程序可对机构进行设计。

首先，根据给定的推杆运动规律可建立推杆运动方程式 $\varphi=\varphi(\delta)$，有

$$\varphi(\delta)=\begin{cases}\dfrac{\varphi_h}{2}\left[1-\cos\left(\dfrac{\pi\delta}{\delta_0}\right)\right] & 0<\delta\leqslant\delta_0\\ \varphi_h\left\{1-\dfrac{\delta-\delta_0}{\delta_0'}+\dfrac{\sin\left[2\pi(\delta-\delta_0)/\delta_0'\right]}{2\pi}\right\} & \delta_0<\delta\leqslant 2\pi\end{cases}\tag{5.4-6}$$

进而，将推杆摆角 $\varphi(\delta)$对凸轮转角 δ 求导可得

$$\frac{d\varphi}{d\delta}=\begin{cases}\dfrac{\varphi_h\pi}{2\delta_0}\sin\left(\dfrac{\pi\delta}{\delta_0}\right) & 0<\delta\leqslant\delta_0\\ \dfrac{\varphi_h}{\delta_0'}\left[\cos\dfrac{2\pi(\delta-\delta_0)}{\delta_0'}-1\right] & \delta_0<\delta\leqslant 2\pi\end{cases}\tag{5.4-7}$$

使用 MATLAB 建立程序“oscillating_roller_follower.m”完成机构设计，程序的代码及注释如下。

```
clear;                                          % 清空工作区
% 以下给定已知数据
r0 = 25;                                        % 基圆半径
rr = 8;                                         % 滚子半径
phi_h = 20;                                     % 摆杆行程
lAB = 50;                                       % 摆杆长度
lOA = 60;                                       % 中心距离
delta0 = 180;                                   % 推程运动角(余弦加速度)
delta0p = 180;                                  % 回程运动角(正弦加速度)
hd = pi/180; du = 180/pi;                       % 角度单位转换
```

```
phi0 = acos((lAB^2 + lOA^2 - r0^2)/(2 * lAB * lOA)) * du;          % 初始摆角
% 以下进行设计计算
fori = 1:361                                                       % 循环结构,位置间隔 1deg
    delta(i) = i - 1;                                              % 凸轮转角
    if delta(i) <= delta0                                          % 推程
        phi(i) = (phi_h/2) * (1 - cos(pi * delta(i)/delta0));     % 摆杆摆角,式(5.4-6)
        dphi(i) = ((phi_h * pi)/(2 * delta0)) * sin(pi * delta(i)/delta0);
                                                                   % 摆角对转角的导数,式(5.4-7)
    else                                                           % 回程
        phi(i) = phi_h * (1 - (delta(i) - delta0)/delta0p + sin(2 * pi * (delta(i) - delta0)/
        delta0p)/(2 * pi));
        dphi(i) = (phi_h/delta0p) * (cos(2 * pi * (delta(i) - delta0)/delta0p) - 1);
    end                                                            % 条件结构结束
    xB(i) = lOA * sin(delta(i) * hd) - lAB * sin((delta(i) + phi(i) + phi0) * hd);
                                                                   % 理论廓线,式(5.4-1)
    yB(i) = lOA * cos(delta(i) * hd) - lAB * cos((delta(i) + phi(i) + phi0) * hd);
    dxB(i) = lOA * cos(delta(i) * hd) - lAB * (1 + dphi(i)) * cos((delta(i) + phi(i) + phi0) * hd);
                                                                 % 理论廓线对转角的导数,式(5.4-3)
    dyB(i) = - lOA * sin(delta(i) * hd) + lAB * (1 + dphi(i)) * sin((delta(i) + phi(i) + phi0) *
    hd);
    s_theta(i) = dxB(i)/sqrt(dxB(i)^2 + dyB(i)^2);                 % 理论廓线法向,式(5.2-5)
    c_theta(i) = - dyB(i)/sqrt(dxB(i)^2 + dyB(i)^2);
    xBp(i) = xB(i) - rr * c_theta(i);                              % 实际廓线,式(5.2-2)
    yBp(i) = yB(i) - rr * s_theta(i);
    alpha(i) = abs(atan((lOA * cos((phi0 + phi(i)) * hd) - lAB * (1 - dphi(i)))/(lOA * sin((phi0 +
    phi(i)) * hd))) * du);                                         % 压力角,式(5.4-4)
end                                                                % 循环结构结束
% 以下绘制结果曲线
figure(1)                                                          % 创建绘图窗口 1
set(gcf,'unit','centimeters','position',[1,2,20,10]);
hold on; box on; grid on
plot(delta,phi,'-','Linewidth',2);                                 % 摆杆角位移线图
title('Follower angular displacement','FontSize',16);
xlabel('\delta (deg)','FontSize',12);
ylabel('\phi (deg)','FontSize',12);
axis([0 360 0 30]);
set(gca,'xtick',0:60:360);
set(gca,'xticklabel',{0,60,120,180,240,300,360},'FontSize',12);
set(gca,'ytick',0:10:30);
set(gca,'yticklabel',{0,10,20,30},'FontSize',12);
figure(2)                                                          % 创建绘图窗口 2
axis equal
set(gcf,'unit','centimeters','position',[1,2,15,15]);
hold on; box on; grid on
plot(xB,yB,'--','Linewidth',2);                                    % 凸轮理论廓线
plot(xBp,yBp,'-','Linewidth',2);                                   % 凸轮实际廓线
plot(0,0,'o','Linewidth',2);                                       % 凸轮回转中心
title('Cam profile','FontSize',16);
```

```
xlabel('x (mm)','FontSize',12);
ylabel('y (mm)','FontSize',12);
legend('Pitchcurve','Actual profile');
axis([-40 60 -60 40]);
set(gca,'xtick',-40:20:60);
set(gca,'xticklabel',{-40,-20,0,20,40,60},'FontSize',12);
set(gca,'ytick',-60:20:40);
set(gca,'yticklabel',{-60,-40,-20,0,20,40},'FontSize',12);
figure(3)                                                    %创建绘图窗口 3
set(gcf,'unit','centimeters','position',[1,2,20,10]);
hold on; box on; grid on
plot(delta,alpha,'-','Linewidth',2);                         %压力角变化曲线
title('Pressure angle','FontSize',16);
xlabel('\delta (deg)','FontSize',12);
ylabel('\alpha (deg)','FontSize',12);
axis([0 360 0 30]);
set(gca,'xtick',0:60:360);
set(gca,'xticklabel',{0,60,120,180,240,300,360},'FontSize',12);
set(gca,'ytick',0:10:30);
set(gca,'yticklabel',{0,10,20,30},'FontSize',12);
```

程序运行后得到凸轮轮廓曲线，以及摆杆角位移与机构压力角随凸轮转角的变化情况分别如图 5.4-3(a)～(c)所示。其中，推程阶段压力角变化的最大值未超过许用值，机构的受力情况满足要求。

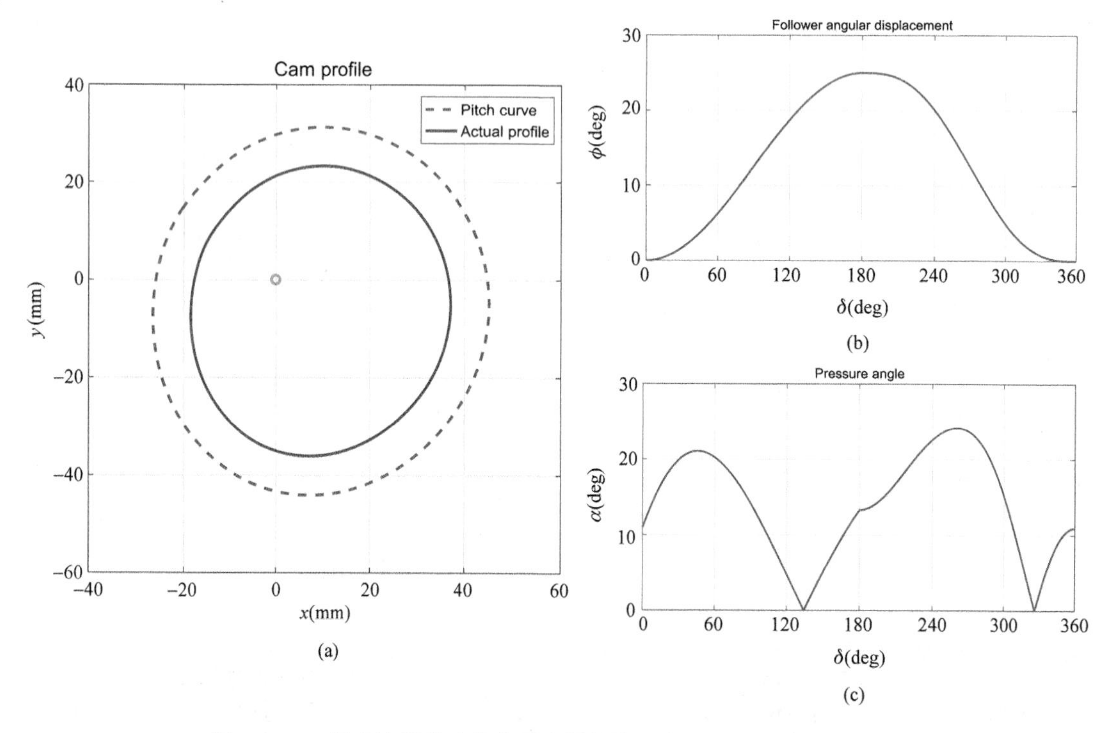

图 5.4-3　摆动滚子从动件盘形凸轮机构设计的 MATLAB 运行结果

第 6 章 设计实例

6.1 公共汽车自动门机构设计

6.1.1 设计要求

公共汽车自动门采用了如图 6.1-1 所示的曲柄滑块机构，其中门板与机构中的构件 3 固连。当机构中的构件 2 处于水平方向 AB_1 位置时，构件 3 处于 B_1C_1 位置，门板处于水平方向的关门位置。当机构中的构件 2 处于竖直方向 AB_2 位置时，构件 3 处于 B_2C_2 位置，门板处于开门位置。根据公共汽车对自动门机构的功能要求，给定如下机构设计条件：

① 构件 4 的导路方向为水平方向，导路与构件 2 回转中心 A 点间的偏距 $e=110$ mm。

② 构件 4 在开门与关门两位置 C_1 和 C_2 间的距离 $s'=550$ mm。

③ 门板从关门位置到开门位置转过的角度 $\alpha=75°$。

本次的设计任务为确定机构中构件 2 的长度 l_{AB} 和构件 3 的长度 l_{BC}。

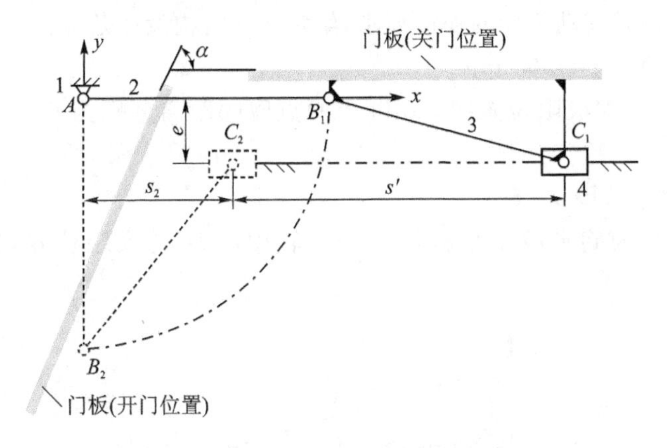

图 6.1-1 公共汽车自动门机构(单侧)

6.1.2 设计过程

如图 6.1-1 所示，在构件 2 回转中心 A 点建立坐标系 Axy，根据 B 和 C 两点间的距离应等于构件 3 长度 l_{BC} 这一约束条件，可建立活动铰链 B 和 C 在坐标系 Axy 中坐标的约束方程：

$$(x_C-x_B)^2+(y_C-y_B)^2=l_{BC}^2 \tag{6.1-1}$$

当机构分别处于关门与开门两个位置时，B 和 C 两点的坐标可分别表达为

$$\begin{cases}x_{B_1}=l_{AB}\\y_{B_1}=0\end{cases},\quad\begin{cases}x_{C_1}=s_1\\y_{C_1}=-e\end{cases},\quad\begin{cases}x_{B_2}=0\\y_{B_2}=-l_{AB}\end{cases},\quad\begin{cases}x_{C_2}=s_2\\y_{C_2}=-e\end{cases}\tag{6.1-2}$$

式中，s_1 与 s_2 分别为构件 4 处于 C_1 和 C_2 位置时的位移，且有 $s_1=s_2+s'$。

机构中构件 3 与门板固连，根据门板从关门位置到开门位置转过角度 α 这一条件，可建立构件 3 从 B_1C_1 位置到 B_2C_2 位置转过角度的约束方程：

$$\arctan\frac{y_{C_2}-y_{B_2}}{x_{C_2}-x_{B_2}}-\arctan\frac{y_{C_1}-y_{B_1}}{x_{C_1}-x_{B_1}}=\alpha\tag{6.1-3}$$

将式(6.1-2)中两组坐标代入式(6.1-1)，并结合式(6.1-3)共可生成 3 个方程，刚好能够求解 3 个未知数 l_{AB}、l_{BC} 和 s_2。利用 MATLAB 编写程序对方程进行求解，程序运行结果如下：

$$l_{AB}=406.722\,7\text{ mm},\quad l_{BC}=354.179\,1\text{ mm},\quad s_2=193.387\,0\text{ mm}\tag{6.1-4}$$

6.2 挖掘机小臂摆动机构设计

6.2.1 设计要求

挖掘机小臂相对大臂的摆动采用了如图 6.2-1 所示的液压缸驱动的曲柄摇块机构。图中，构件 1 为大臂(此处视为机架)，构件 2 为液压缸缸筒，构件 3 为液压缸活塞，构件 4 为小臂，缸筒 2 的回转中心 A 与小臂 4 的回转中心 C 处于同一水平位置。当活塞 3 分别处于伸缩极限位置 AB_1 和 AB_2 时，小臂 4 分别处于摆动极限位置 B_1CD_1 和 B_2CD_2。根据液压缸选型情况及挖掘机对小臂摆动机构的功能要求，给定如下机构设计条件：

① 小臂 4 上长度 $l_{BC}=500$ mm。

② 活塞 3 处于伸缩极限位置时，A 和 B 两点间的距离分别为 $l_{AB_1}=1\,750$ mm，$l_{AB_2}=2\,250$ mm。

③ 小臂 4 的摆动范围 $\alpha=80°$。

本次的设计任务为确定液压缸缸筒 2 的回转中心 A 的安装位置(即确定构件 1 上长度 l_{AC})。

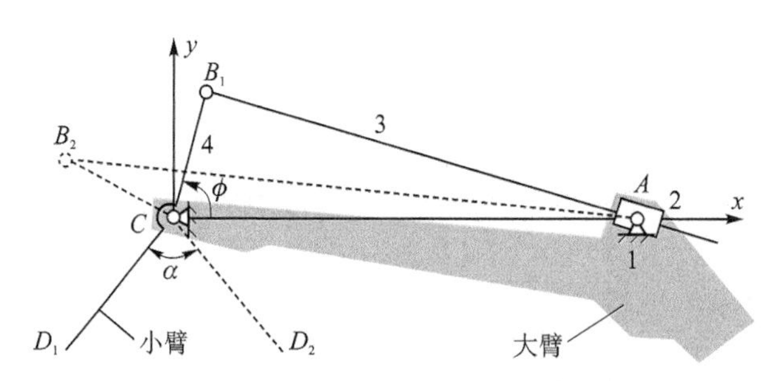

图 6.2-1 挖掘机小臂摆动机构

6.2.2 设计过程

如图 6.2-1 所示，在小臂回转中心 C 点建立坐标系 Cxy，根据 A 和 B 两点间的距离约束可建立如下方程：

$$(x_B - x_A)^2 + (y_B - y_A)^2 = l_{AB}^2 \tag{6.2-1}$$

式中,A 和 B 两点的坐标可表达为(φ 为小臂 4 转角)

$$\begin{cases} x_A = l_{AC} \\ y_A = 0 \end{cases}, \quad \begin{cases} x_B = l_{BC}\cos\varphi \\ y_B = l_{BC}\sin\varphi \end{cases} \tag{6.2-2}$$

当机构处于两极限位置时,l_{AB} 分别取值为给定的 l_{AB_1} 和 l_{AB_2},φ 可分别设为 φ_1 和 $\varphi_1+\alpha$。将以上两位置带入式(6.2-1)中可生成 2 个方程,刚好能够求解 2 个未知数 l_{AC} 和 φ_1。利用 MATLAB 编写程序对方程进行求解,程序运行结果如下:

$$l_{AC} = 1\ 776.402\ 4\ \text{mm}, \quad \varphi_1 = 78.863\ 5^\circ \tag{6.2-3}$$

6.3 车载式轮椅平移升降机构设计

6.3.1 设计要求

救护车上用于轮椅上下车的平移举升装置采用了如图 6.3-1 所示的组合机构,该机构由两个铰链四杆机构 $ABCD$ 与 $EFGH$ 组合而成。其中,平行四边形机构 $ABCD$ 用于实现托板 7 的平移升降,铰链四杆机构 $EFGH$ 用于实现托板 7 的收起与展开。图 6.3-1(a)示意了托板 7 的平移升降过程,当构件 2 顺时针转动到水平位置 AB_1 时,托板 7 平移下降到最低位置,当构件 2 逆时针转动时,托板 7 处于平移上升过程。图 6.3-1(b)示意了托板 7 的收起过程,当构件 2 逆时针转动到 AB_2 位置时,构件 4 开始与活动铰链 F 处的滚子接触,当构件 2 继续

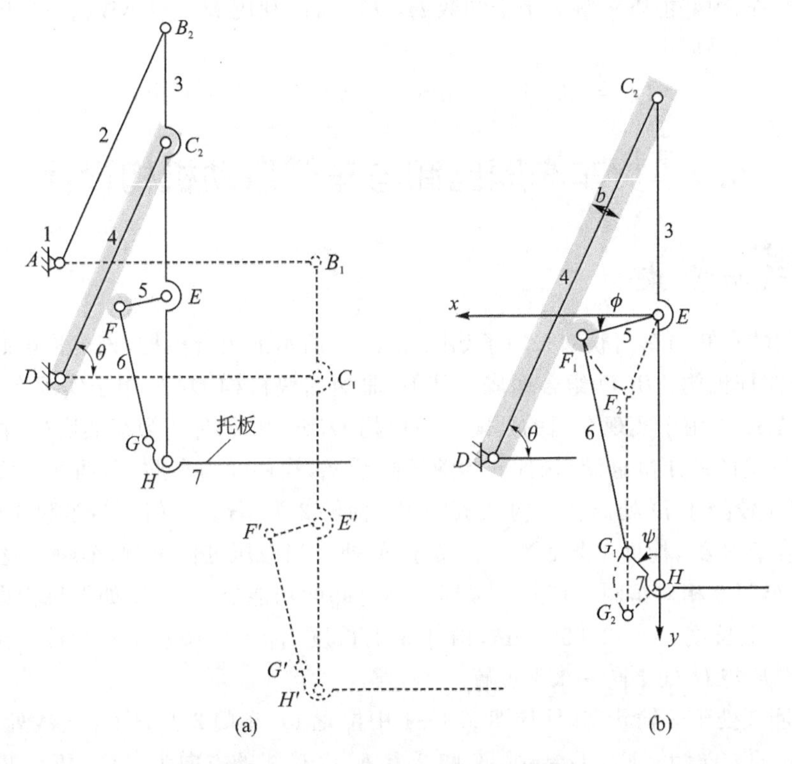

图 6.3-1 挖掘机小臂摆动机构

逆时针转动时，构件 5 也开始逆时针转动，从而带动与托板 7 逆时针转动收起。本次的设计对象为实现托板 7 收起与展开的铰链四杆机构 $EFGH$，并给定如下机构设计条件：

① 构件 3 上长度 $l_{EH}=595$ mm，构件 5 上长度 $l_{EF}=200$ mm。

② 当构件 4 逆时针转动到 $\theta=65°$时开始与 F 处滚子接触，此时机构 $EFGH$ 处于图 6.3－1(b)中的位置 1，构件 5 的方向为$\angle F_1Ex=15°$，托板 7 处于水平方向，其上 HG_1 连线的方向为$\angle G_1HE=45°$。

③ 当构件 4 逆时针转动到 $\theta=85°$时，构件 5 的方向为$\angle F_2Ex=70°$，此时托板 7 收起到竖直方向。

本次的设计任务为确定机构 $EFGH$ 中的构件 6 上长度 l_{FG} 与构件 7 上长度 l_{GH}。

6.3.2 设计过程

如图 6.3－1(b)所示，在铰链 E 处建立坐标系 Exy，根据 F 和 G 两点间的距离约束可建立如下方程：

$$(x_F-x_G)^2+(y_F-y_G)^2=l_{FG}^2 \tag{6.3-1}$$

式中，F 和 G 两点的坐标可表达为(φ 为构件 5 转角，ψ 为构件 7 转角)

$$\begin{cases}x_F=l_{EF}\cos\varphi\\ y_F=l_{EF}\sin\varphi\end{cases},\quad \begin{cases}x_G=l_{GH}\sin\psi\\ y_G=l_{EH}-l_{GH}\cos\psi\end{cases} \tag{6.3-2}$$

当机构分别处于位置 1 与位置 2 时，构件 5 的转角分别为 $\varphi_1=\angle F_1Ex$ 和 $\varphi_2=\angle F_2Ex$，构件 7 的转角分别为 $\psi_1=\angle G_1HE$ 和 $\psi_2=\angle G_1HE+90°$。将以上两位置带入式(6.3－1)中可生成 2 个方程，刚好能够求解 2 个未知数 l_{FG} 和 l_{GH}。利用 MATLAB 编写程序对方程进行求解，程序运行结果如下：

$$l_{FG}=482.477\,3\text{ mm},\quad l_{GH}=106.583\,0\text{ mm} \tag{6.3-3}$$

6.4 货车车厢自卸与车门联动机构设计

6.4.1 设计要求

货车车厢的自卸与车门联动采用了如图 6.4－1 所示的组合机构，该机构由曲柄摇块机构 DEF 与铰链四杆机构 $ABCD$ 组合而成。其中，曲柄摇块机构 DEF 用于实现车厢的翻转，铰链四杆机构 $ABCD$ 用于实现车门的开闭。在机构 DEF 中，构件 4 为车厢底架，构件 6 为与底架 4 在 F 处铰接的液压缸缸筒，构件 5 为液压缸活塞，构件 3 为车厢，车厢 3 与活塞 5 铰接于 E 处，与底架 4 铰接于 D 处。在机构 $ABCD$ 中，构件 2 为车门，车门 2 与车厢 3 铰接于 C 处，与构件 1 铰接于 B 处，构件 1 与底架 4 铰接于 A 处。当液压缸伸长时，车厢 3 绕铰链 D 顺时针翻转，同时车门 2 相对车厢 3 打开。根据货车自卸的功能要求，给定如下机构设计条件：

① 构件 2 上长度 $l_{BC}=1\,850$ mm，构件 3 上长度 $l_{CD}=2\,400$ mm，构件 4 上长度 $l_{FD}=5\,500$ mm，且 F 与 D 处于同一水平位置。

② 当车厢 3 处于运输状态时(如图 6.4－1 中位置 1)，车门 2 上 B_1C_1 连线处于水平方向，液压缸缸筒 6 的方向为$\angle E_1FD=60°$，车厢 2 上 E_1D 连线的方向为$\angle E_1DF=30°$。

③ 当车厢 3 处于卸料状态时(如图 6.4－1 中位置 2)，车厢 3 相对运输状态顺时针转过的

角度为$\angle C_1DC_2=45°$，且车厢3上C_2D连线处于竖直方向，车门2相对运输状态逆时针转过的角度为$\theta=5°$，构件1相对运输状态顺时针转过的角度为$\angle B_1AB_2=45°$。

本次的设计任务为确定机构$ABCD$中固定铰链A的安装位置，以及机构DEF中液压缸的伸缩长度范围。

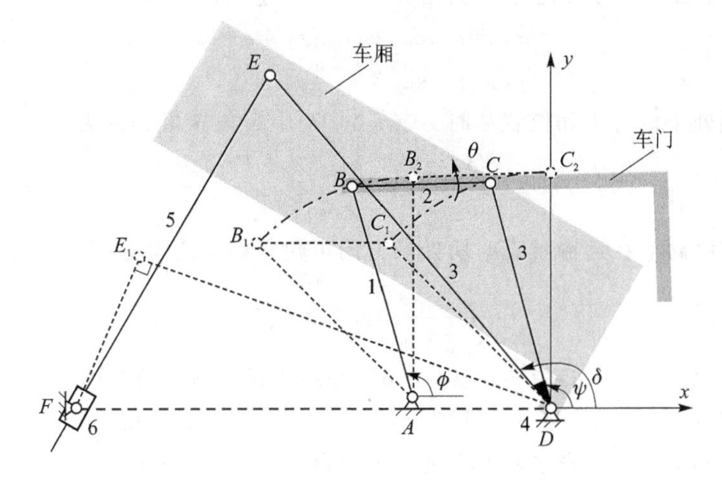

图 6.4-1　货车车厢自卸与车门联动机构

6.4.2　设计过程

1. 车门开闭机构设计

如图6.4-1所示，在固定铰链D处建立坐标系Dxy，根据B和C两点间的距离约束条件可建立如下方程：

$$(x_B-x_C)^2+(y_B-y_C)^2=l_{BC}^2 \tag{6.4-1}$$

式中，B和C两点的坐标可表达为（φ为构件1转角，ψ为构件3上CD连线转角）

$$\begin{cases}x_B=x_A+l_{AB}\cos\varphi\\ y_B=y_A+l_{AB}\sin\varphi\end{cases},\quad \begin{cases}x_C=l_{CD}\cos\psi\\ y_C=l_{CD}\sin\psi\end{cases} \tag{6.4-2}$$

当机构分别处于位置1和位置2时，式(6.4-2)中转角φ与ψ可分别表达为

$$\begin{cases}\varphi_1=\varphi_1\\ \psi_1=90°+\angle C_1DC_2\end{cases},\quad \begin{cases}\varphi_2=\varphi_1-\angle B_1AB_2\\ \psi_2=90°\end{cases} \tag{6.4-3}$$

根据构件2上B_1C_1连线在机构位置1和位置2时所处的方向，可建立如下约束方程：

$$\begin{cases}y_{C_1}-y_{B_1}=0\\ \dfrac{y_{C_2}-y_{B_2}}{x_{C_2}-x_{B_2}}=\tan\theta\end{cases} \tag{6.4-4}$$

将式(6.4-2)与(6.4-3)带入式(6.4-1)，并结合式(6.4-4)共可生成4个方程，刚好能够求解4个未知数x_A，y_A，l_{AB}与φ_1，其中坐标(x_A,y_A)可用于确定固定铰链A的安装位置。利用MATLAB编写程序对方程进行求解，程序运行结果如下：

$$x_A=-1\ 806.359\ 5\ \text{mm},\quad y_A=17.580\ 8\ \text{mm},\quad l_{AB}=2\ 418.814\ 3\ \text{mm},\quad \varphi_1=136.025\ 5° \tag{6.4-5}$$

2. 车厢翻转机构设计

根据 E 和 F 两点间的距离约束条件可建立如下方程：

$$(x_E - x_F)^2 + (y_E - y_F)^2 = l_{EF}^2 \tag{6.4-6}$$

式中，E 和 F 两点的坐标可表达为（δ 为构件 3 上 DE 连线转角）

$$\begin{cases} x_E = l_{ED}\cos\delta \\ y_E = l_{ED}\sin\delta \end{cases}, \quad \begin{cases} x_F = -l_{FD} \\ y_F = 0 \end{cases} \tag{6.4-7}$$

当机构分别处于位置 1 和位置 2 时，式（6.4－7）中转角 δ 可表达为

$$\begin{cases} \delta_1 = 180° - \angle E_1DF \\ \delta_2 = \delta_1 - \angle C_1DC_2 \end{cases} \tag{6.4-8}$$

根据液压缸缸筒 6 在运输状态时所处的方向可建立如下约束方程：

$$\frac{y_{E_1} - y_F}{x_{E_1} - x_F} = \tan\angle E_1FD \tag{6.4-9}$$

将式（6.4－7）与（6.4－8）带入式（6.4－6），并结合式（6.4－9）共可生成 3 个方程，刚好能够求解 3 个未知数 l_{E_1F}，l_{E_2F} 与 l_{ED}，其中极限长度 l_{E_1F} 与 l_{E_2F} 可用于确定液压缸的伸缩长度范围。利用 MATLAB 编写程序对方程进行求解，程序运行结果如下：

$$l_{E_1F} = 1\,910.130\,0 \text{ mm}, \quad l_{E_2F} = 5\,581.971\,3 \text{ mm}, \quad l_{ED} = 4\,836.618\,8 \text{ mm} \tag{6.4-10}$$

6.5 折叠式担架车机构设计

6.5.1 设计要求

折叠式担架车采用了如图 6.5－1 所示的组合机构。其中，对称的铰链四杆机构 $ABCD$ 与 $A'B'C'D'$ 分别为用于实现左右行走轮折展的折展机构，铰链四杆机构 $AEC'D'$ 为用于实现左右折展机构联动的联动机构。在折展机构中（以左侧机构 $ABCD$ 为例），构件 1 为床板（此处视为机架），构件 2 与 4 分别与床板 1 铰接于 A、D 两处，构件 3 分别与构件 2 和 4 铰接于 B、C 两处。在联动机构 $AEC'D'$ 中，两连架杆分别为左侧折展机构的构件 2 与右侧折展机构的构件 6，连杆 5 分别与两连架杆 2 和 6 铰接于 E、C' 两处。根据折叠式担架车的功能要求，给定如下机构设计条件：

① 机构尺寸 $L_1 = 550$ mm，$L_0 = 800$ mm，$h = 165$ mm。

② 当担架车处于展开状态时（如图 6.5－1 中位置 1），构件 2 与 8 处于竖直方向，构件 4 与 6 所处方向为 $\angle GDC_1 = \angle G'D'C'_1 = \alpha + \beta = 10° + 35° = 45°$，且构件 3 与 4 处于共线状态，构件 7 与 6 处于共线状态。

③ 当担架车处于折叠状态时（如图 6.5－1 中位置 2），构件 2 与 8 处于水平方向，构件 4 与 6 所处方向为 $\angle GDC_2 = \angle G'D'C'_2 = \alpha = 10°$。

本次的设计任务为确定机构 $ABCD$ 中构件 2 上长度 l_{AB}、构件 3 上长度 l_{BC} 和构件 4 上长度 l_{CD}，以及机构 $AEC'D'$ 中的构件 2 上长度 l_{AE} 和构件 5 上长度 $l_{EC'}$。

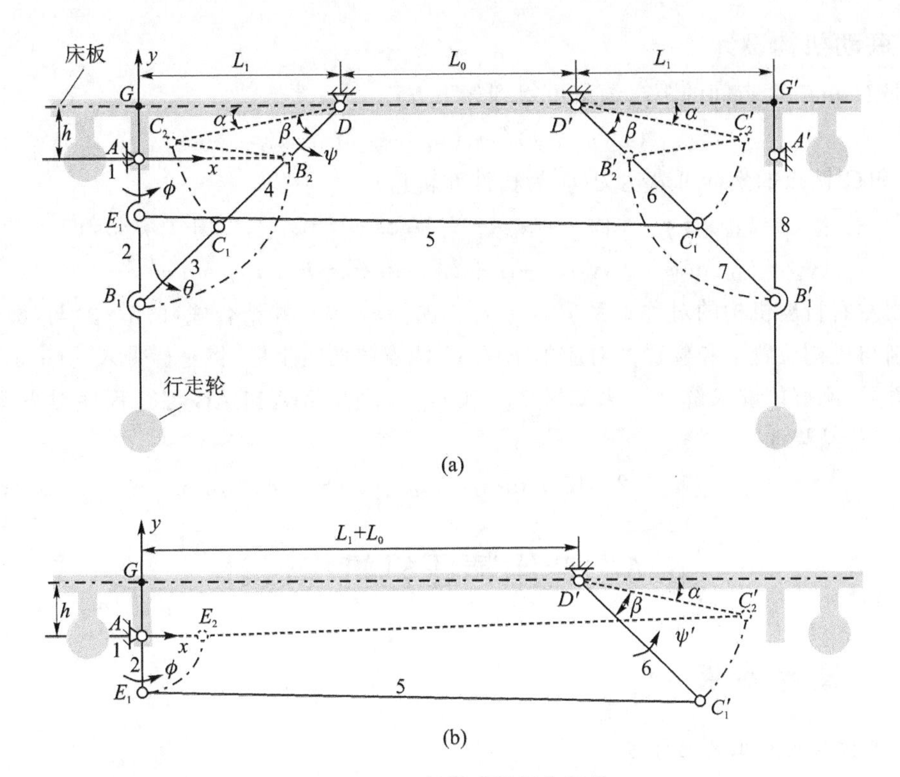

图 6.5-1　折叠式担架车机构

6.5.2　设计过程

1. 折叠机构设计

如图 6.5-1 所示，在固定铰链 A 处建立坐标系 Axy，根据 B 和 C 两点间的距离约束可建立如下方程：

$$(x_B - x_C)^2 + (y_B - y_C)^2 = l_{BC}^2 \tag{6.5-1}$$

式中，B 和 C 两点的坐标可表达为（φ 为构件 2 转角，ψ 为构件 4 转角）

$$\begin{cases} x_B = l_{AB}\cos\varphi \\ y_B = l_{AB}\sin\varphi \end{cases} \quad \begin{cases} x_C = x_D + l_{CD}\cos\psi = L_1 + l_{CD}\cos\psi \\ y_C = y_D + l_{CD}\sin\psi = h + l_{CD}\sin\psi \end{cases} \tag{6.5-2}$$

当机构分别处于位置 1 和位置 2 时，式(6.5-2)中转角可分别表达为

$$\begin{cases} \varphi_1 = -90^\circ \\ \psi_1 = -180^\circ + \alpha + \beta \end{cases} \quad \begin{cases} \varphi_2 = 0^\circ \\ \psi_2 = -180^\circ + \alpha \end{cases} \tag{6.5-3}$$

根据机构在位置 1 时构件 3 与 4 处于共线状态这一条件，可建立如下约束方程：

$$\frac{y_{C_1} - y_{B_1}}{x_{C_1} - x_{B_1}} = \tan(\alpha + \beta) \tag{6.5-4}$$

将式(6.5-2)与(6.5-3)带入式(6.5-1)，并结合式(6.5-4)共可生成 3 个方程，刚好能够求解 3 个未知数 l_{AB}，l_{BC} 与 l_{CD}。利用 MATLAB 编写程序对方程进行求解，程序运行结果如下：

$$l_{AB} = 385.0000\ \text{mm},\quad l_{BC} = 308.6032\ \text{mm},\quad l_{CD} = 469.2143\ \text{mm} \tag{6.5-5}$$

2. 联动机构设计

根据 E 和 C' 两点间的距离约束可得到如下方程：

$$(x_E - x_{C'})^2 + (y_E - y_{C'})^2 = l_{EC'}^2 \tag{6.5-6}$$

式中，E 和 C' 两点的坐标可表达为（ψ' 为构件 6 转角）

$$\begin{cases} x_E = l_{AE}\cos\varphi \\ y_E = l_{AE}\sin\varphi \end{cases},\quad \begin{cases} x_{C'} = x_{D'} + l_{C'D'}\cos\psi' = L_1 + L_0 + l_{C'D'}\cos\psi' \\ y_{C'} = y_{D'} + l_{C'D'}\sin\psi' = h + l_{C'D'}\sin\psi' \end{cases} \tag{6.5-7}$$

根据左右折展机构的对称关系（$l_{C'D'} = l_{CD}$，$\psi' = \pi - \psi$），并结合式（6.5-3）与（6.5-7）可得到分别与机构位置 1 和位置 2 对应的 E 和 C' 两点的两组坐标，将坐标带入式（6.5-6）可生成 2 个方程，刚好能够求解 2 个未知数 l_{AE} 和 $l_{EC'}$。利用 MATLAB 编写程序对方程进行求解，程序运行结果如下：

$$l_{AE} = 132.016\,7\ \text{mm},\quad l_{EC'} = 1\,682.144\,0\ \text{mm} \tag{6.5-8}$$

6.6 专用精压机机构设计

6.6.1 设计要求

（1）工作原理及工艺动作过程

专用精压机用于薄壁铝合金制件的精压深冲工艺，能够将薄壁铝板一次冲压成为深筒形。图 6.6-1 为专用精压机所需完成工艺动作的示意图。上模（冲头）先以较小的速度向下接近坯料，然后以匀速进行拉延成形工作，之后上模继续下行将成品推出型腔，最后向上快速返回。上模退出下模以后，送料机构从侧面将坯料送至待加工位置，完成一个工作循环。

（2）原始数据和设计要求

① 生产率 n=70 件/分钟。

② 上模做上下往复直线运动的大致运动规律如图 6.6-2 所示，要求上模具有等速工作进给和快速返回的特性。

③ 图 6.6-2 中，上模工作段行程 L=30～100 mm，对应曲柄转角 φ=(1/3～1/2)π，上模总行程 H 必须是工作段行程的两倍以上。

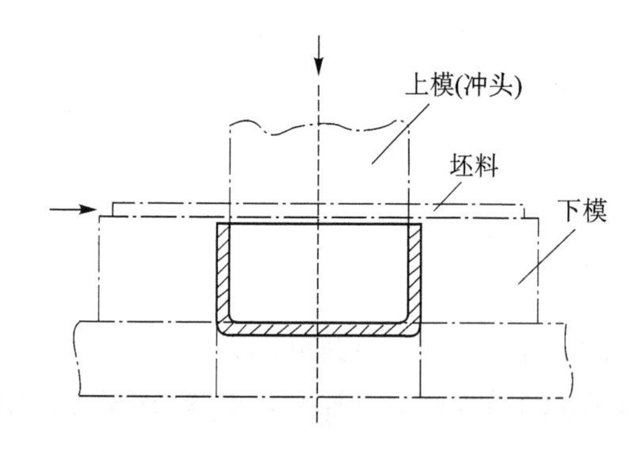

图 6.6-1　专用精压机工艺动作示意图

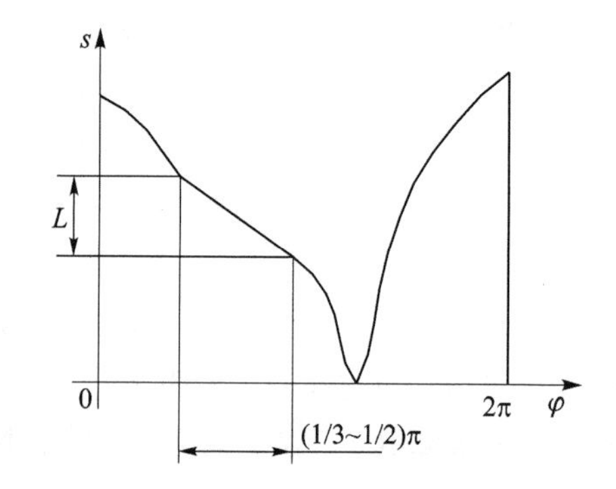

图 6.6-2　专用精压机上模运动规律要求

④ 上模上下往复直线运动的行程速度变化系数 $K>1.5$。

⑤ 上模执行机构应具有较好的传力性能，工作段压力角 α 应尽可能小，许用传动角 $\gamma=40°$。

⑥ 送料机构的送料距离 $H=60\sim250$ mm。

6.6.2 设计过程

(1) 方案设计

本方案要求设计使上模按运动（工艺动作）要求加工零件的冲压机构，从侧面将坯料推送至下模上方的送料机构，以及电动机到执行机构的传动系统。

冲压机构要求执行构件做直线往复运动，工作行程中具有等速运动段，返回行程具有急回特性，且机构应有较好的传力特性；送料机构要求执行构件做间歇性的往复直线送进运动。满足上述要求的机构组合方案有多种，图 6.6－3 所示为导杆–摇杆滑块冲压机构和凸轮送料机构方案。

图 6.6－3 所示的方案中，冲压机构是在导杆机构 $ABCD$ 的基础上，串联一个摇杆滑块机构 CDE 组合而成的。导杆机构 $ABCD$ 可按给定的行程速度变化系数及冲压行程要求设计，与摇杆滑块机构 CDE 组合后，滑块 E（上模）的工作段速度相对较慢，可视为近似满足匀速要求。适当选择滑块导路的位置，可减小工作段的压力角。送料机构采用凸轮机构 HGF，凸轮轴通过齿轮机构与冲压机构曲柄轴相连，实现两执行机构的同步运动。

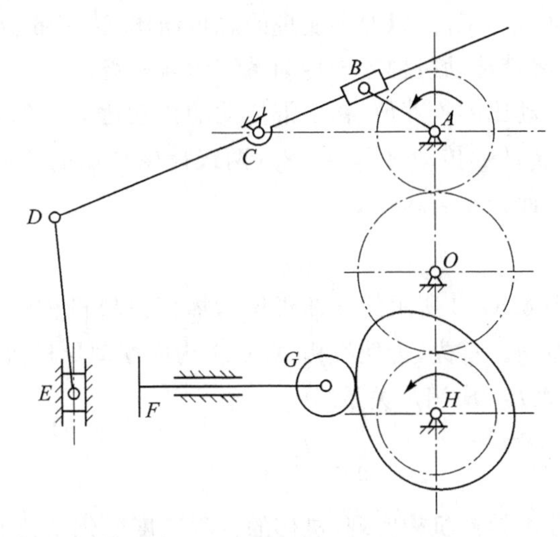

图 6.6－3　冲压与送料机构方案

(2) 运动协调设计

初步绘制如图 6.6－4 所示的运动循环图以表示机构中各执行构件动作的协调配合情况。图 6.6－4 以冲压机构原动件曲柄 AB 转过 360°为一个循环周期，以滑块 E 返回到最高位置作为起始位置。在一个循环周期内，冲压机构中滑块 E 工作行程的平均速度比返回行程的平均速度慢，因此工作行程所对应的曲柄转角 ψ_1 应大于返回行程所对应的曲柄转角 ψ_2，且二者需要满足行程速度变化系数的要求（暂取 $K=2.5$）；送料机构中推杆 F 必须在上模空回且完全退出下模，到再次空进接近工件之间完成推程过程，且推杆 F 没有远休止的必要，但需要近休止使送料有足够的准备时间。图 6.6－4 中各运动区间所对应曲柄转角的精确值,及各执行构件的精确运动规律可在机构尺寸设计阶段进行确定。

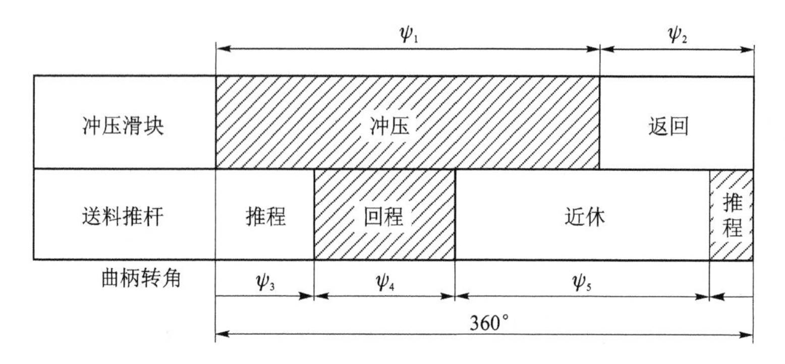

图 6.6－4　冲压与送料机构运动循环图(初步绘制)

(2) 传动系统设计

选择三相异步电动机作为专用精压机的原动机,电动机额定转速为 $n_H = 1\ 440$ r/min。题目要求专用精压机的生产率为 $n=70$ 件/分钟,执行机构原动件曲柄 AB 每转一周可完成一件成品,可计算从电动机到原动件曲柄 AB 的总传动比 i_T 为

$$i_T = \frac{n_H}{n} = \frac{1\ 440}{70} = 20.57 \tag{6.6-1}$$

根据执行机构与原动机的工况,以及要实现的总传动比,选用带传动机构和两级圆柱齿轮机构组成的传动系统,并将带传动机构置于传动系统的高速级。

根据各种传动机构传动比的推荐值,初定带传动的传动比 $i_1=2$,第一级齿轮传动的传动比 $i_2=3.66$,第二级齿轮传动的传动比 $i_3=2.81$(两级齿轮传动的传动比分配为 $i_2=1.3i_3$)。各级传动的具体参数设计此处略去。

(4) 冲压机构设计

冲压机构采用了如图 6.6－3 所示的导杆机构与摇杆滑块机构组合的方案,图 6.6－5 为冲压机构的尺寸设计示意图。首先,为使机构 $ABCD$ 构成摆动导杆机构,曲柄 AB 的长度 l_{AB} 与固定铰链 A 和 C 的间距 l_{AC} 应满足关系

$$\lambda = \frac{l_{AB}}{l_{AC}} < 1 \tag{6.6-2}$$

冲压机构的急回特性由导杆机构实现,机构的行程速度变化系数 K 与极位夹角 θ,以及机构尺寸的关系为

$$\begin{cases} K = (180° + \theta)/(180° - \theta) \\ \theta = 2\arcsin \lambda \end{cases} \tag{6.6-3}$$

冲压机构执行构件滑块 E 的行程 H 由导杆机构中导杆的摆动范围 θ,以及导杆 CD 段的长度 l_{CD} 确定,并满足关系

$$H = 2l_{CD}\sin(\theta/2) \tag{6.6-4}$$

为使冲压机构具有较好的传力性能,应使机构工作行程的压力角尽可能小。为此,滑块 E 的导路位置应按图 6.6－5 所示选取,使导路方向垂直于 AC 连线,且通过 D_3I 的中点。此

时，机构的最大压力角出现在 D 点位于 D_1、D_2 和 D_3 的位置，且最大压力角及相应的最小传动角与机构尺寸参数的关系为

$$\alpha_{\max}=90°-\gamma_{\min}=\arcsin\left\{\frac{\frac{1}{2}\left[l_{CD}-l_{CD}\cos(\theta/2)\right]}{l_{DE}}\right\} \tag{6.6-5}$$

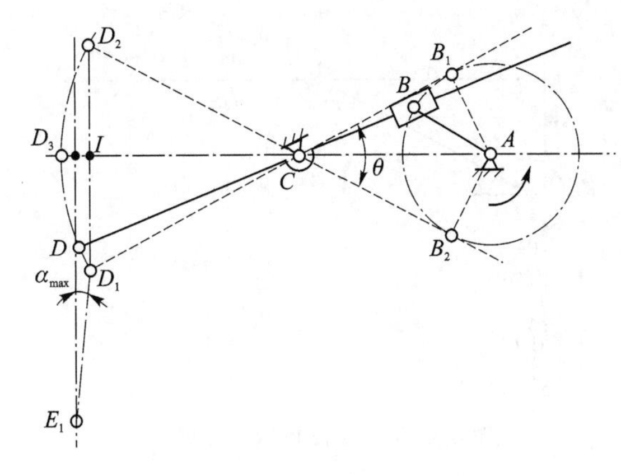

图 6.6-5　冲压机构尺寸设计

根据式(6.6-2)～式(6.6-5)所提供的约束条件，并考虑题目的设计参数要求，可逐步确定冲压机构的尺寸参数，其过程为：根据给定的行程速度变化系数 $K=2.5$，由式(6.6-3)可计算得到机构的极位夹角为 $\theta=77°$，$\lambda=l_{AB}/l_{AC}=0.62$；给定滑块 E 的行程为 $H=250$ mm，由式(6.6-4)可计算得到导杆 CD 段的长度 $l_{CD}=200$ mm；参考 λ 与 l_{CD} 的取值，给定 $l_{AB}=100$ mm，$l_{AC}=160$ mm，$l_{DE}=80$ mm，由式(6.6-5)计算得到机构的最小传动角为 $\gamma_{\min}=74°$，满足传力性能要求。机构尺寸参数的最终取值为

$$l_{AB}=100\ \text{mm},\quad l_{AC}=160\ \text{mm},\quad l_{CD}=200\ \text{mm},\quad l_{DE}=80\ \text{mm} \tag{6.6-6}$$

根据所确定的尺寸参数，计算得到机构的极位夹角 θ、行程速度变化系数 K、滑块 E 行程 H 及最小传动角 $\gamma_{\min}$ 分别为

$$\theta=77°,\quad K=2.5,\quad H=250\ \text{mm},\quad \gamma_{\min}=74° \tag{6.6-7}$$

(5) 冲压机构运动分析

根据已确定的冲压机构尺寸，可使用解析法对机构进行运动分析，并将分析结果作为送料机构的设计依据。图 6.6-6 为冲压机构运动分析所建立的坐标系及定义的相关变量图，根据图 6.6-6 可针对冲压机构建立矢量方程

$$\begin{cases}\boldsymbol{l}_{AC}+\boldsymbol{l}_{AB}=\boldsymbol{s}_B\\ \boldsymbol{l}_{CD}+\boldsymbol{l}_{DE}=\boldsymbol{l}_{CI}+\boldsymbol{s}_E\end{cases} \tag{6.6-8}$$

将式(6.6-8)矢量方程向两坐标轴投影，可得到位移方程

$$\begin{cases}l_{AB}\sin\varphi_1=s_B\sin\varphi_3\\ l_{AC}+l_{AB}\cos\varphi_1=s_B\cos\varphi_3\\ l_{CD}\sin(\varphi_3+\pi)+l_{DE}\sin\varphi_4=s_E\\ l_{CD}\cos(\varphi_3+\pi)+l_{DE}\cos\varphi_4=-l_{CI}\end{cases} \tag{6.6-9}$$

式(6.6-9)位移方程中，机构尺寸参数 l_{AB}、l_{AC}、l_{CD} 和 l_{DE} 可按式(6.6-6)取值，l_{CI} 可结合

图 6.6－5 由下式计算：

$$l_{CI}=l_{CD}\cos\frac{\theta}{2}+\frac{1}{2}\left(l_{CD}-l_{CD}\cos\frac{\theta}{2}\right) \tag{6.6－10}$$

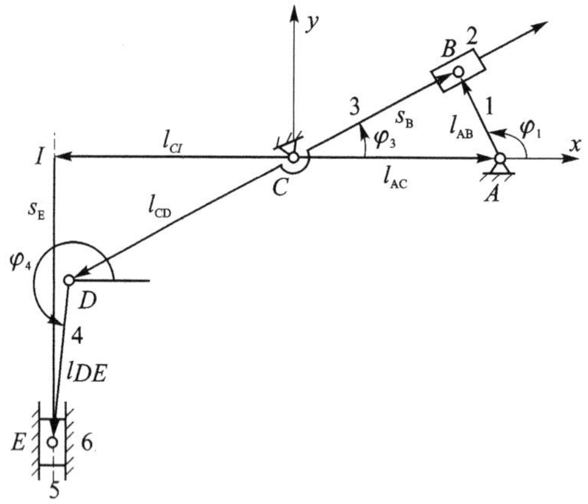

图 6.6－6　冲压机构尺寸设计

参照 3.3 节中介绍的方法，利用 MATLAB 软件编写程序并运行可得到滑块 E 位移 s_E 随曲柄转角 φ_1 的变化曲线（见图 6.6－7）。由图 6.6－7 的程序运行结果可以得到，曲柄从 $\varphi_1=231°$ 逆时针转动到 $\varphi_1=129°$ 的过程（P_1 到 P_2）对应下模的工作行程，曲柄从 $\varphi_1=129°$ 逆时针转动到 $\varphi_1=231°$ 的过程（P_2 到 P_1）对应下模的返回行程。选取曲柄从 $\varphi_1=320°$ 逆时针转动到 $\varphi_1=30°$ 的过程（P_3 到 P_4）作为下模的近似匀速工作段，该过程曲柄转过 70°，下模走过 91.5 mm，满足设计要求。

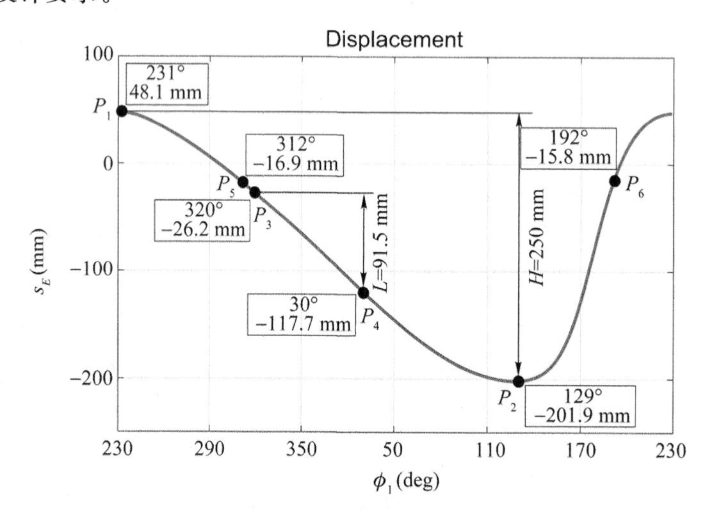

图 6.6－7　MATLAB 程序运行输出的冲压机构下模运动规律

（6）送料机构设计

送料机构采用了偏置直动滚子从动件盘形凸轮机构（见图 6.6－3）。机构设计过程首先需要确定凸轮的推程运动角 δ_0、远休止角 δ_{01}、回程运动角 δ_0' 和近休止角 δ_{02}。

选择推程运动角 δ_0 时，应注意凸轮机构的推程必须在上模（冲压机构滑块 E）空回完全退出下模后开始，在上模再次空进接近工件之前完成。依据图 6.6－7 所示的冲压机构滑块 E

位移 s_E 随曲柄转角 φ_1 的变化曲线，选取曲线上 P_6 点($\varphi_1=192°$)为上模空回完全退出下模的位置，P_5 点($\varphi_1=312°$)为上模再次空进接近工件的位置，在此过程中冲压机构曲柄转过角度为 120°，该角度同时也是凸轮转过的角度。为进一步确保机构工作过程不发生碰撞的，取凸轮机构推程运动角 $\delta_0=100°$，对应冲压机构曲柄转角从 $\varphi_1=202°$逆时针转动到 $\varphi_1=302°$。送料机构在最远点没有休止的必要，因此选择远休止角 $\delta_{01}=0°$。回程运动角取 $\delta'_0=100°$，近休止角取 $\delta_{02}=160°$，使送料有足够时间进行准备工作。根据送料机构各阶段凸轮转角的分配，可确定冲压与送料机构最终的运动循环图(见图 6.6-8)。

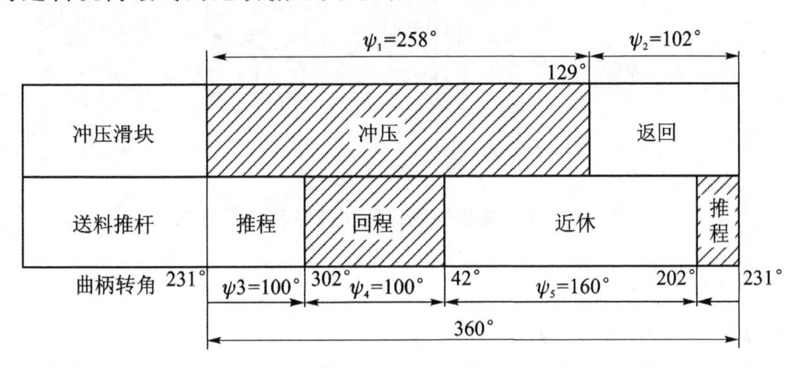

图 6.6-8 冲压与送料机构运动循环图(最终确定)

根据题目要求，取送料机构的送料距离(即凸轮机构推杆的行程)$H'=150$ mm。为减小送料机构推杆与坯料间的冲击，推杆可采用余弦加速度运动规律。参考 5.2 节方法可完成凸轮轮廓曲线的设计。在完成凸轮轮廓曲线设计后，需根据图 6.6-8 所示的运动循环图合理布置凸轮与冲压机构曲柄间的相对位置，使两执行机构能够协调配合完成工作。具体设计过程此处略去。

6.7 简易圆盘印刷机机构设计

6.7.1 设计要求

(1) 工作原理及工艺动作过程

简易圆盘印刷机是印刷各种 8 开及以下印刷品的机械，设计要求其能够实现如下三个工艺动作(见图 6.7-1)。

1) 印头的往复摆动

印头上放置印刷纸张。O_2B_1 是印头合上印刷时的位置，O_2B_2 是印头打开时的位置，印头打开时可以人工取出印好的纸张和放入待印刷的纸张。

2) 油辊的上下滚动

印头打开的过程中(从 O_2B_1 到 O_2B_2)，油辊从 E_1 位置沿着固定印刷板运动到 E_2 位置，给固定印刷板上油墨。印头合上的过程中(从 O_2B_2 到 O_2B_1)，油辊从 E_2 位置返回到 E_1 位置。

3) 油盘的间歇转动

为使油墨能够在油辊上均匀涂敷，在油辊自 O_1E_1 位置开始向下运动前，油盘做一次间歇转动。

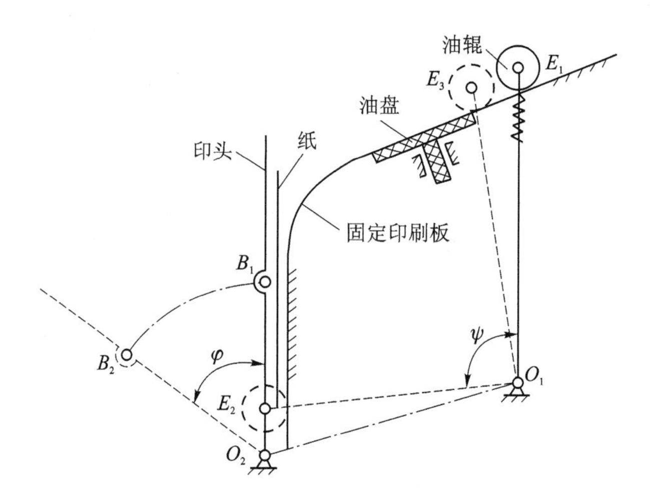

图 6.7-1 简易圆盘印刷机工艺动作示意图

(2) 原始数据和设计要求

① 印刷能力为 $n=30$ 次/分钟。

② 印头两极限位置的夹角为 $\varphi=60°$,印头打开的平均速度大于印头合上的平均速度,行程速比系数 K 为 1.1 左右,许用传动角 $\gamma=45°$。

③ 油辊两极限位置的夹角为 $\psi=120°$。

④ 油盘每次间歇转动的转角大于等于 45°。

6.7.2 设计过程

(1) 方案设计

本题要求设计使印头往复摆动的执行机构,使油辊上下滚动的执行机构,使油盘间歇转动的执行机构,以及电动机到执行机构的传动系统。

1) 印头往复摆动的执行机构

以电动机作为动力源,此机构应具有将连续回转运动变换为往复摆动的功能。可采用的机构形式如下。

① 摆动从动件凸轮机构:合理选择从动件运动规律可满足急回特性要求,但当从动件摆角较大时,为使机构压力角不超过许用值,凸轮的基圆半径与整体尺寸会较大,同时凸轮机构的加工也较困难。

② 摆动导杆机构:机构受力较好,制造简单,具有急回特性。但导杆摆动角度与机构极位夹角相等,印头摆角为 60°,机构行程速比系数达到 $K=2$,这会导致回程速度过大,可能引起冲击,不满足设计要求。

③ 曲柄摇杆机构:具有低副机构的优点,且机构简单,能够实现急回特性要求。

比较以上机构的优缺点,选用曲柄摇杆机构作为印头往复摆动的执行机构。

2) 油辊上下滚动的执行机构

油辊沿着固定印刷板的上下滚动可由径向靠弹簧伸缩的构件 O_1E 的往复摆动实现。油辊摆杆的往复摆动与印头的往复摆动之间需要有一定的协调关系(同步往复但摆角不同即

可),所以此机构可以将摆动的印头作为原动件,并具有将印头往复摆动变换为油辊摆杆往复摆动的功能。可采用的机构形式如下:

① 齿轮机构:采用定轴轮系,主动齿轮与印头固连,从动齿轮与油辊摆杆固连,这样可保证印头的摆动与油辊摆杆的摆动同步,通过合理设置齿轮的齿数来满足印头与油辊摆杆的摆角关系。但当印头与油辊摆杆的轴线 O_1O_2 距离较大时,机构的尺寸也较大。

② 双摇杆机构:具有低副机构的优点,可实现印头与油辊摆杆的同步摆动。

考虑到油辊摆杆的摆动仅是给印刷板上油墨,摆角不要求十分精确,故选用双摇杆机构。

3) 油盘间歇转动的执行机构

棘轮机构、槽轮机构、凸轮式间歇机构以及不完全齿轮机构等均可实现间歇转动。由于油盘间歇转动频率较低,且对转位精度要求不高,故选用棘轮机构即可。棘轮机构中的摆杆可通过摆动从动件凸轮机构或曲柄摇杆机构等驱动。考虑到油盘转动时间在机构整个运动周期中的占比极小,且油盘转动需要与油辊摆杆的摆动协调配合,故选择摆动从动件凸轮机构的方案,其中凸轮与油辊摆杆固连,凸轮摆杆与棘轮摆杆之间可加装摆动行程扩大机构(如齿轮机构)。

(2) 运动协调设计

绘制如图 6.7-2 所示的运动循环图来表示机构中各执行构件动作的协调配合情况。图 6.7-2 以印头执行机构原动件曲柄转过 360°为一个循环周期,以印头处于最下方 O_2B_2 位置作为起始位置。取印头执行机构的行程速比系数为 $K=1.1$,可得印头合上与打开过程对应的曲柄转角分别为 $\psi_1=189°$ 和 $\psi_2=171°$。油辊摆杆往复摆动与印头往复摆动同步。油盘间歇转动取在油辊摆杆从 O_1E_3 位置上摆到 O_1E_1 位置过程进行,以避免油盘转动与油辊摆动干涉。取 O_1E_3 与 O_1E_1 间夹角为 10°,对应印头执行机构曲柄的转角约为 16°,进而可得到图 6.7-2 中的 $\psi_3=173°$。

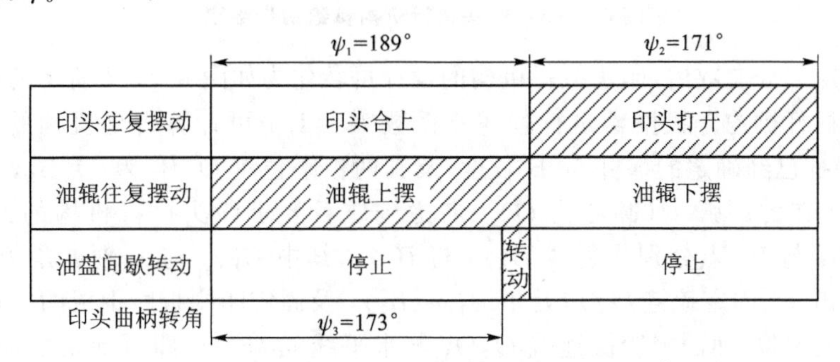

图 6.7-2 简易圆盘印刷机运动循环图

(3) 传动系统设计

选择三相异步电动机作为简易圆盘印刷机的原动机,电动机额定转速为 $n_H=960$ r/min。题目要求印刷机的生产率 $n=30$ 次/min,印头执行机构原动件曲柄每转一周可完成一件印刷,由此可计算从电动机到原动件曲柄的总传动比 i_T 为

$$i_T=\frac{n_H}{n}=\frac{960}{30}=32 \tag{6.7-1}$$

根据执行机构与原动机的工况,以及要实现的总传动比,选用带传动机构和两级圆柱齿轮

机构组成的传动系统，并将带传动机构置于传动系统的高速级。

根据各种传动机构传动比的推荐值，初定带传动的传动比 $i_1=4$，第一级齿轮传动的传动比 $i_2=3.21$，第二级齿轮传动的传动比 $i_3=2.48$（两级齿轮传动的传动比分配为 $i_2=1.3i_3$）。各级传动的具体参数设计此处略去。

(4) 印头往复摆动执行机构设计

印头往复摆动选用了曲柄摇杆机构方案，首先对机构设计所需的部分参数进行初步给定（见图 6.7-3）。此圆盘印刷机印刷的最大纸幅为 8 开，即 420 mm×297 mm。考虑印头边框需要留有一定空间（约 30 mm），取印头尺寸为 480 mm×360 mm。选定印头横向放置，则印头高度为 360 mm。取铰链 B 位于印头高度中点，则铰链 B 到印头底部的距离为 180 mm。初步确定印头底部到印头摆杆回转中心 O_2 的距离为 140 mm，则印头摆杆 O_2B_1 的长度为 320 mm。同时，初定铰链位置 B_1 到固定印刷板的距离为 100 mm，则印头摆杆回转中心 O_2 的位置完全确定。

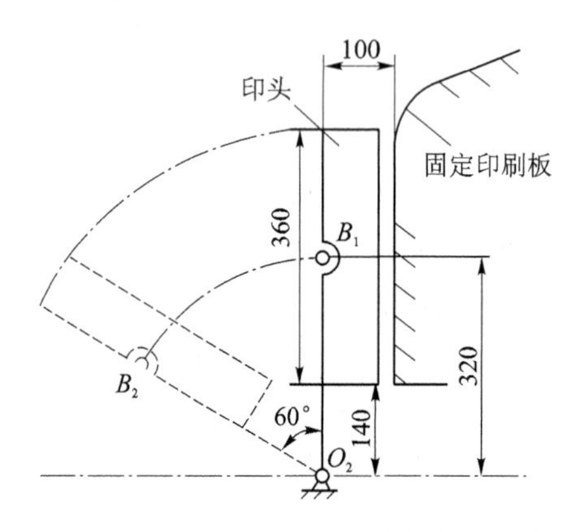

图 6.7-3 印头执行机构参数初步给定

在初步给定部分参数后，印头执行机构的设计可转化为如图 6.7-4 所示的根据急回特性要求设计曲柄摇杆机构。根据给定行程速比系数 $K=1.1$ 可计算得到机构的极位夹角 $\theta=8.6°$。同时，根据已经确定的摇杆 O_2B 长度，及其两极限位置 O_2B_1 和 O_2B_2，可确定摇杆上固定铰链 O_3 所在的圆弧 $\widehat{ss}$（圆心为 O）。考虑到题目要求印头执行机构的许用传动角为 $\gamma=45°$，可过 B_1 与 B_2 点分别作射线 $B_1\gamma_2$ 与 $B_2\gamma_1$，其中 $B_1\gamma_2$ 与 y 轴夹角为 45°，$B_2\gamma_1$ 与 O_2B_2 夹角为 45°，则固定铰链 O_3 应处于 $B_1\gamma_2$、$B_2\gamma_1$ 及固定印刷板所围成的区域内。为了便于加工时的划线定位，使固定铰链连线 O_2O_3 与水平线成 45°角，即可确定曲柄回转中心 O_3 的位置，以及机构中各构件的长度。

基于以上分析，可采用解析法完成后续设计。参照 4.5 节中式(4.5-4)与式(4.5-6)可针对图 6.7-4 所示印头执行机构列写如下方程：

$$\begin{cases}(x_{O_3}-x_O)^2+(y_{O_3}-y_O)^2=R^2\\ l_2-l_1=\sqrt{(x_{O_3}-x_{B_1})^2+(y_{O_3}-y_{B_1})^2}\\ l_2+l_1=\sqrt{(x_{O_3}-x_{B_2})^2+(y_{O_3}-y_{B_2})^2}\end{cases} \tag{6.7-2}$$

其中，(x_i, y_i) 为图 6.7-4 中各点的坐标，l_1 和 l_2 分别为机构中曲柄和连杆的长度，R 为圆弧 $\widehat{ss}$ 的半径。方程(6.7-2)中共含有四个未知数：x_{O_3}、y_{O_3}、l_1 和 l_2。通过引入附加条件 $x_{O_3}=$

y_{O_3}（O_2O_3 连线与水平线成 45°角）可实现方程的求解。利用 MATLAB 求解得到固定铰链 O_3 的位置及曲柄与连杆的长度为

$$x_{O_3}=394.2\ \text{mm},\quad y_{O_3}=394.2\ \text{mm};\quad l_1=154.9\ \text{mm},\quad l_2=556.1\ \text{mm} \tag{6.7-3}$$

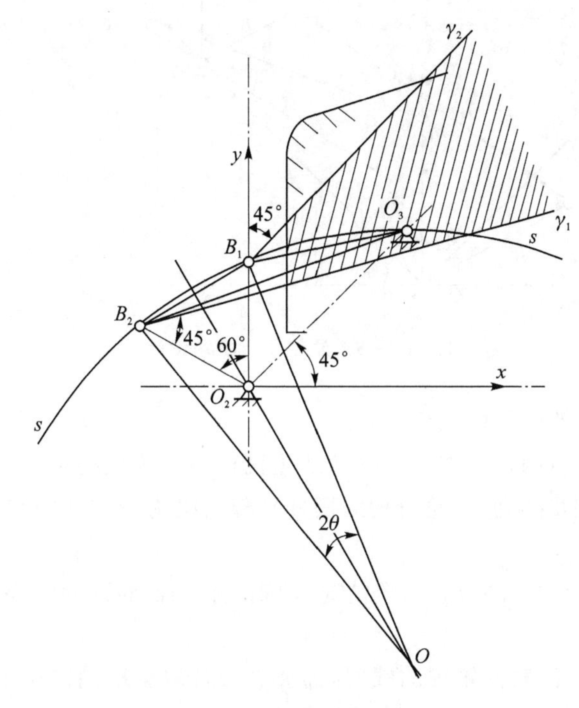

图 6.7-4　印头执行机构设计

(5) 油辊上下滚动执行机构设计

油辊上下滚动（即油辊摆杆往复摆动）执行机构设计选用了双摇杆机构方案，且将印头曲柄摇杆机构中的摇杆 O_2B 作为油辊双摇杆机构的原动件（见图 6.7-5）。需要注意的是，油辊摆杆 O_1E 并非一定与从动摇杆上的活动铰链处于同一直线，如图 6.7-5 所示即将 O_1C 作为从动摇杆，其中 C 为从动摇杆上活动铰链所在位置，而油辊摆杆 O_1E 与从动摇杆 O_1C 固连。

在已知原动摇杆（印头）的两个位置 O_2B_1、O_2B_2 和摆角 φ，以及从动摇杆（油辊摆杆）的两个对应位置 O_1E_1、O_1E_2 和摆角 ψ 的情况下，油辊双摇杆机构的设计可转化为根据预定的连架杆运动规律设计铰链四杆机构的问题。为了简化设计过程，给定从动摇杆（油辊摆杆）的回转中心与印头机构中曲柄的回转中心重合（同为 O_1 可简化机械结构），且铰链位置 C_1 位于 E_2O_1 的延长线上（O_1C_1 位置传动角较小，但此时油辊摆杆受力也较小，可以接受）。进而参照 4.3 节中介绍的方法，在式(4.3-3)中 l_1、l_4、φ_0 和 ψ_0 取值确定的情况下，方程中只包含两个未知数，即构件相对长度 m 和 n，因此刚好可以精确实现 O_2B 与 O_1C 的两对相对位置。将 ($\varphi_1=0°$，$\psi_1=0°$) 与 ($\varphi_2=60°$，$\psi_2=120°$) 代入式(4.3-3)，并利用 MATLAB 求解机构中其余构件的长度，得到的结果为

$$l_2=597.8\ \text{mm},\quad l_3=204.5\ \text{mm} \tag{6.7-4}$$

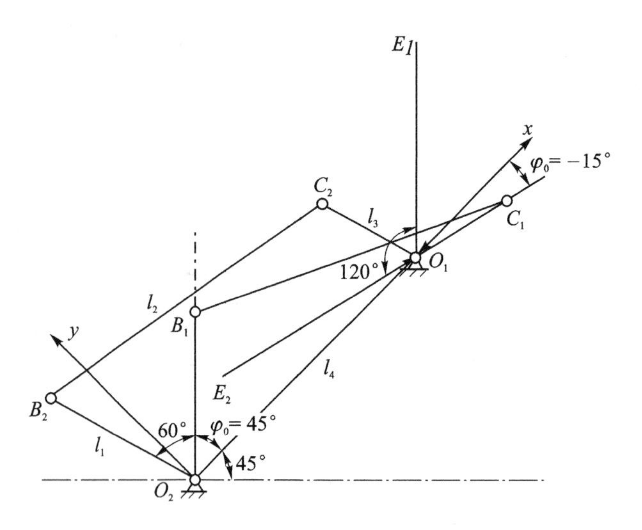

图 6.7-5　油辊执行机构设计

(6) 油盘间歇转动执行机构设计

油盘间歇转动执行机构设计选用了摆动凸轮机构与棘轮机构组合的方案。其中,凸轮机构的凸轮与油辊摆杆同步摆动,凸轮机构的摆杆与棘轮机构的摆杆同步摆动。在具体设计过程中应注意如下问题:

① 根据油辊摆杆与油盘的位置布置情况,油辊摆杆与凸轮之间需要使用空间齿轮机构实现运动的传递。

② 在设计往复摆动凸轮的轮廓曲线时,需要合理选取轮廓曲线中的实际工作段。同时,考虑油盘每次间歇转动的角度较大,可在凸轮摆杆与棘轮摆杆之间加装齿轮机构以扩大棘轮摆杆的摆动行程。

摆动凸轮机构设计可参考 5.4 节方法,棘轮机构设计可参考其他相关资料,具体设计过程此处略去。

6.8　拉延机机构设计

6.8.1　设计要求

(1) 工作原理及工艺动作过程

拉延机是制作杯状零件的专用设备,其工艺过程如图 6.8-1 所示。链轮由间歇机构带动做顺时针间歇转动,链条上均匀固结 3 个推料板,每当推料板运行到右侧链轮下方停歇时喂入一个毛坯,由推料板将毛坯推送到拉延位置后再次停歇下来。此时,压块下降压至毛坯边缘,冲头向下移动将毛坯拉伸成杯状零件(拉延运动),并将成品向下推出型腔。拉延完成后,冲头和压块先后向上退回,链轮下方下一个毛坯已经喂入,链条再次运行。

(2) 原始数据和设计要求

① 生产率为每小时拉延 3 000 件。

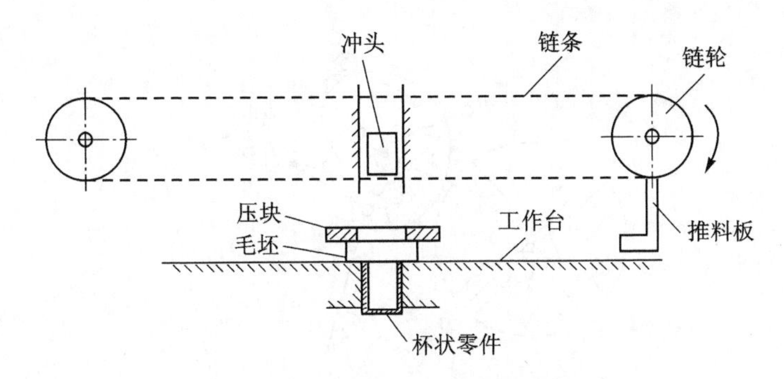

图 6.8-1 拉延机工艺动作示意图

② 各执行机构由同一台电动机驱动，电动机额定转速 $n_H = 1\ 440$ r/min。

③ 冲头行程为 $H_1 = 850$ mm，其中拉延工作段 $L = 200$ mm，在拉延工作段末尾取缓冲段 $\Delta L = 20$ mm，除缓冲段外，拉延过程要求实现近似匀速运动，近似匀速运动过程对应主轴转角为 62°。

④ 冲头返回行程的平均速度应大于工作行程的平均速度。

⑤ 压块行程 $H_2 = 530$ mm。

6.8.2 设计过程

(1) 方案设计

本题要求设计拉延机中使冲头往复移动的拉延机构，使压块往复移动的压边机构，使链轮间歇转动的输送机构，以及电动机到执行机构的传动系统。

拉延机构要实现冲头的往复移动，由于冲头拉延时受力较大，宜采用承载能力较强的连杆机构。同时，拉延机构要具备转动变移动、急回、有近似匀速运动段等特性。简单的四杆机构无法满足上述全部要求，可采用六杆机构方案。压边机构要实现压块的往复移动，由于压块行程较大，且在下止点要有较长时间的停顿，可选用摆动从动件凸轮机构与连杆机构组合的方案。输送机构可将链轮通过传动系统连接到间歇运动机构的输出构件上，考虑简化设计过程、降低成本、提高运动平稳性等要求，间歇运动机构可采用槽轮机构。

图 6.8-2 所示为拉延、压边与输送机构所选用的设计方案。冲压机构采用了双曲柄机构 $ABCD$ 与对心曲柄滑块机构 DEF 组合的六杆机构方案，机构能够将原动件曲柄 1 的整周回转运动转化为冲头 5 的往复移动。压边机构采用了摆动从动件凸轮机构 AGH 与对心摇杆滑块机构 HIJ 组合的机构方案，机构原动件为与曲柄 1 固连的凸轮，输出运动为压块 8 的往复移动。输送机构采用了槽轮机构 AKL 的方案，机构原动件为与曲柄 1 固连的拨杆(由拨盘简化)，从动件为槽轮 9，槽轮的间歇转动能够通过适当的传动系统转化为链轮的间歇转动。

(2) 运动协调设计

初步绘制如图 6.8-3 所示的运动循环图来表示机构中各执行构件动作的协调配合情况。图 6.8-3 以拉延机构原动件曲柄 1(主轴)转过 360°为一个循环周期，以冲头 5 返回到最高位置作为起始位置。在一个循环周期内，拉延机构中冲头 5 工作行程的平均速度比返回行程的平均速度慢，因此工作行程所对应的主轴转角 ψ_1 应大于返回行程所对应的主轴转角 ψ_2；压边机构中压块 8 应在冲头 5 接触到毛坯前下降到位，且在最低位置应有停顿，停顿过程所对应的

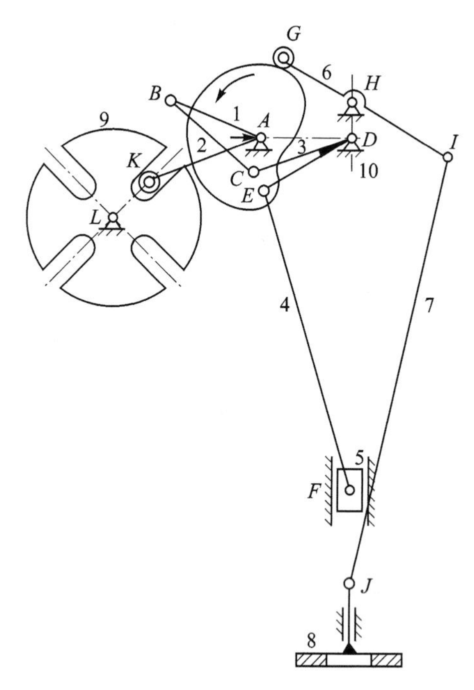

图 6.8-2 拉延、压边与输送机构方案

主轴转角设为 ψ_3，同时，设压块下降与上升过程所对应的主轴转角相等，均为 ψ_4；输送机构中推料板应在压块接触到毛坯前停止运行，在压块机构离开毛坯后重新开始运行，停止过程所对应的主轴转角设为 ψ_5，运行过程所对应的主轴转角设为 $2\psi_6$。图 6.8-3 中各运动区间所对应主轴转角的精确值，及各执行构件的精确运动规律可在机构尺寸设计阶段进行确定。

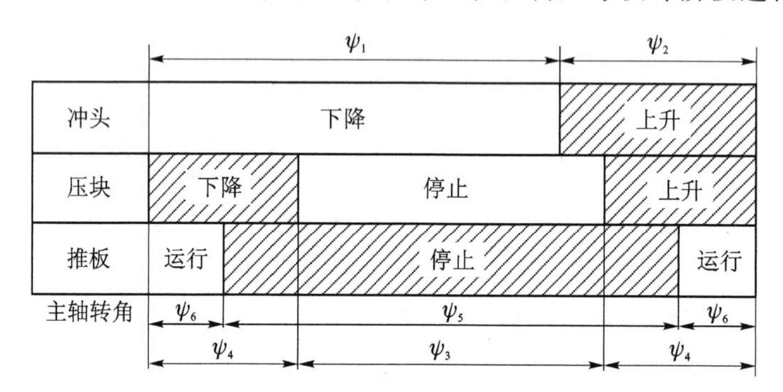

图 6.8-3 拉延、压边与输送机构运动循环图(初步绘制)

(3) 传动系统设计

驱动各执行机构的电动机的额定转速 $n_H = 1\,440$ r/min。题目要求拉延机的生产率 $n =$ 3 000 件/时=50 件/分钟，执行机构原动件曲柄 1 每转一周可完成一件成品，可计算从电动机到原动件曲柄 1 的总传动比 i_T 为

$$i_T = \frac{n_H}{n} = \frac{1\,440}{50} = 28.8 \tag{6.8-1}$$

根据执行机构与原动机的工况，以及要实现的总传动比，选用带传动机构和蜗轮蜗杆机构

组成的传动系统，并将带传动机构置于传动系统的高速级。选择带传动的传动比 $i_1=1.45$，蜗轮蜗杆机构的传动比 $i_2=20$，则系统的总传动比能够满足要求。

(4) 拉延机构设计

拉延机构采用了如图 6.8-4 所示的双曲柄机构 $ABCD$ 与对心曲柄滑块机构 DEF 串联组合的方案。机构的尺寸设计过程如下。

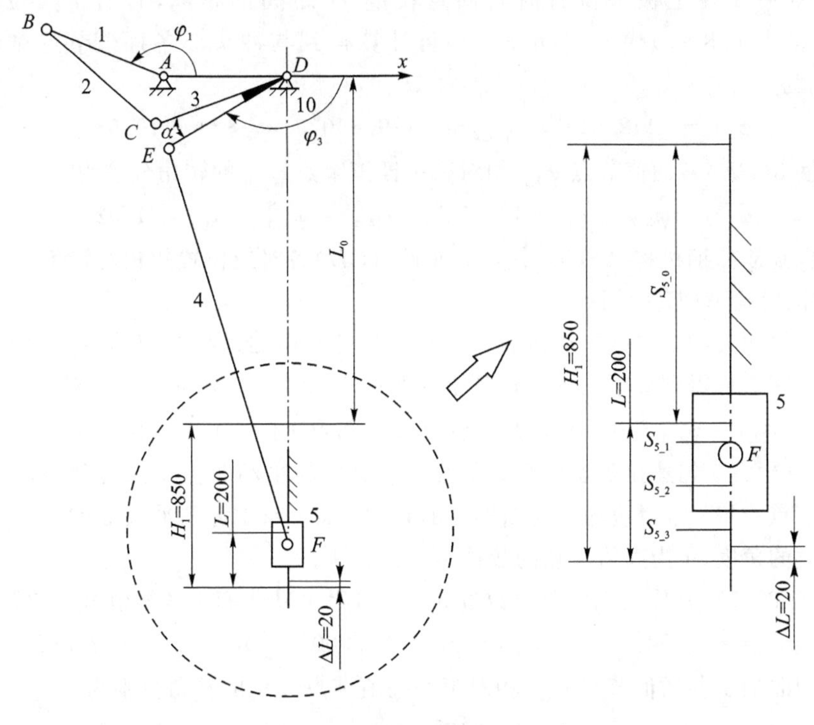

图 6.8-4 拉延机构尺寸设计

1) 对心曲柄滑块机构 DEF 设计

在对心曲柄滑块机构 DEF 中，由冲头 5 的行程 $H_1=850$ mm 可得曲柄 3(DE)的长度 $l_{DE}=H_1/2=425$ mm。连杆 4 的长度可按增力要求选取，对于对心曲柄滑块机构，曲柄与连杆的长度比 λ 越小，机构增力效果越好。对于锻压机，一般取 $\lambda=0.1\sim0.2$。故机构中取连杆 4 长度 $l_{EF}=3\ 000$ mm，则 $\lambda=l_{DE}/l_{EF}=0.142$，满足设计要求。

为实现冲头 5 在拉延过程的近似匀速运动，首先需要在冲头 5 的匀速工作段选取插值节点，并求取与冲头 5 各插值节点对应的曲柄 3(DE)的转角，为双曲柄机构 $ABCD$ 的设计提供基础。为简化过程，本例选取三个插值节点，并采用切比雪夫区间法确定插值节点的位置，以使在插值节点较少的情况下提高设计精度[7]。该方法确定插值节点位置的公式为

$$s_{5\_j}=s_{5\_0}+0.5\Delta s_5\left[1-\cos\left(j\theta-0.5\theta\right)\right]\qquad(j=1,2,\cdots,n)\qquad(6.8-2)$$

式中，s_{5_0} 为冲头 5 位于匀速拉延阶段起始位置时的位移(位移起点设为冲头 5 的上极限位置，即 $s_{5\_0}=H_1-L=650$ mm)，s_{5_j} 为冲头 5 位于第 j 个插值节点时的位移，$\Delta s_5=L-\Delta L=180$ mm 为冲头 5 匀速运动阶段的行程，n 为插值节点的数量，$\theta=180°/n$。

根据式(6.8-2)，并代入插值节点数量 $n=3$，可得到冲头 5 位于各插值节点时的位移分别为

$$s_{5\_1}=662.058\ \text{mm},\quad s_{5\_2}=740.000\ \text{mm},\quad s_{5\_3}=817.942\ \text{mm} \tag{6.8-3}$$

在此基础上，可在 ΔDEF 中使用余弦定理计算与冲头5各插值节点对应的曲柄3（DE）的转角 φ_{3_j}（$j=1,2,3$），计算公式为（以 x 轴为零位逆时针转动为正）

$$\varphi_{3\_j}=-\arccos\frac{(s_{5\_j}+L_0)^2+l_{DE}^2-l_{EF}^2}{2(s_{5\_j}+L_0)\,l_{ED}}-90° \tag{6.8-4}$$

式中，L_0 为冲头5在上极限位置时与固定铰链 D 之间的距离，且有 $L_0=l_{EF}-l_{DE}=2\,575$ mm。将式(6.8-3)代入式(6.8-4)可计算得到与冲头5各插值节点对应的曲柄3（DE）的转角为

$$\varphi_{3\_1}=-142.914°,\quad \varphi_{3\_2}=-129.640°,\quad \varphi_{3\_3}=-110.987° \tag{6.8-5}$$

同时可得曲柄3（DE）各插值节点 φ_{3_j} 相对第一插值节点 φ_{3_1} 的转角分别为

$$\varphi_{3\_12}=\varphi_{3\_2}-\varphi_{3\_1}=13.274°,\quad \varphi_{3\_13}=\varphi_{3\_3}-\varphi_{3\_1}=31.927° \tag{6.8-6}$$

该结果同样也是双曲柄机构 $ABCD$ 中从动曲柄3（CD）各对应位置的相对转角。

2）双曲柄机构 $ABCD$ 设计

在双曲柄机构 $ABCD$ 中，主动曲柄1与冲头5匀速运动过程对应的转角为62°。同样利用切比雪夫区间法可得到如下公式以计算主动曲柄1与冲头5各插值节点对应的转角：

$$\varphi_{1\_j}=\varphi_{1\_0}+0.5\Delta\varphi_1\left[1-\cos\left(j\theta-0.5\theta\right)\right]\quad (j=1,2,\cdots,n) \tag{6.8-7}$$

式中，φ_{1_0} 为与冲头5匀速拉延阶段起始位置 s_{5_0} 对应的主动曲柄1的转角，φ_{1_j} 为与冲头5第 j 个插值节点位置 s_{5_j} 对应的主动曲柄1的转角，$\Delta\varphi_1=62°$ 为与冲头5匀速运动过程对应的曲柄1转过的角度，n 为插值节点的数量，$\theta=180°/n$。

根据式(6.8-7)，并代入插值节点数量 $n=3$，可得主动曲柄1各插值节点的转角分别为

$$\varphi_{1\_1}=\varphi_{1\_0}+4.153°,\quad \varphi_{1\_2}=\varphi_{1\_0}+31.000°,\quad \varphi_{1\_3}=\varphi_{1\_0}+57.846° \tag{6.8-8}$$

同时可得主动曲柄1各插值节点 φ_{1_j} 相对第一插值节点 φ_{1_1} 的转角分别为

$$\varphi_{1\_12}=\varphi_{1\_2}-\varphi_{1\_1}=26.847°,\quad \varphi_{1\_13}=\varphi_{1\_3}-\varphi_{1\_1}=53.693° \tag{6.8-9}$$

通过式(6.8-9)与式(6.8-6)，双曲柄机构 $ABCD$ 中主动曲柄1与从动曲柄3（CD）的两组相对位置（φ_{1_12}，φ_{3_12}）和（φ_{1_13}，φ_{3_13}）可以确定，进而拉延机构中双曲柄机构 $ABCD$ 的设计可转化为根据预定的运动规律设计铰链四杆机构的问题。参照4.3节中介绍的方法，在已知两连架杆两组相对位置的情况下，需要选定三个机构参数才能对方程式(4.3-3)进行求解。本例给定双曲柄机构 $ABCD$ 中，从动曲柄3（CD）与主动曲柄1插值节点 φ_{1_1} 对应的转角为 $\varphi'_{3\_1}=-160°$（相对转角的起始点），从动曲柄3（CD）与主动曲柄1长度的比值为 $n=l_{CD}/l_{AB}=1$，机架10（AD）与主动曲柄1长度的比值为 $p=l_{AD}/l_{AB}=0.8$，进而利用MATLAB求解方程组(4.3-3)，可得主动曲柄1的插值节点 φ_{1_1}（相对转角的起始点），以及连杆2与主动曲柄1长度比值 $m=l_{BC}/l_{AB}$ 分别为

$$\varphi_{1\_1}=158.054°,\quad m=1.066 \tag{6.8-10}$$

取主动曲柄1的长度 $l_{AB}=425$ mm，可得其他构件的长度分别为

$$l_{BC}=453\ \text{mm},\quad l_{CD}=425\ \text{mm},\quad l_{AD}=340\ \text{mm} \tag{6.8-11}$$

3）机构急回特性的验证

在图6.8-4中，对于冲头5的插值节点 s_{5_1} 位置，曲柄3（CD）与曲柄3（DE）的转角分别为 $\varphi'_{3\_1}=-160°$ 和 $\varphi_{3\_1}=-142.914°$，由此可得图6.8-4中机构安装角 $\alpha=\varphi_{3\_1}-$

$\varphi'_{3_1}=17.086°$。

如图 6.8-5 所示，拉延机构的极限位置分别对应冲头 5 处于上极限位置 E' 和下极限位置 E''。当冲头 5 位于上极限 E' 位置时，双曲柄机构 $ABCD$ 中两活动铰链分别位于 B' 和 C' 位置；当冲头 5 位于下极限 E'' 位置时，双曲柄机构 $ABCD$ 中两活动铰链分别位于 B'' 和 C'' 位置，且有 $\angle E'DC'=\angle E''DC''=\alpha=17.086°$。进而，拉延机构处于上下两极限位置时，从动曲柄 3(CD)的转角计算结果为

$$\varphi'_3=90°-\angle E'DC'=72.914°,\quad \varphi''_3=270°-\angle E''DC''=252.914° \tag{6.8-12}$$

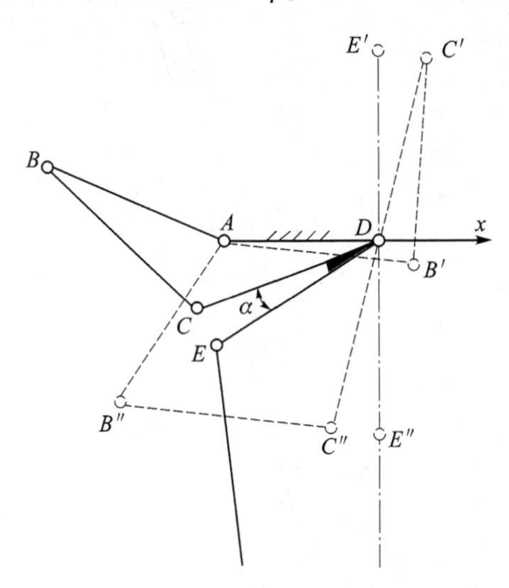

图 6.8-5　拉延机构的极限位置

对于双曲柄机构 $ABCD$，在各构件长度已知，且给定从动曲柄 3(CD)转角的情况下，参照 3.2 节中介绍的铰链四杆机构的运动分析方法，以及利用 MATLAB 求解非线性方程组的方法，可得到拉延机构处于上下两极限位置时，主动曲柄 1 的转角为

$$\varphi'_1=\angle DAB'=353.951°,\quad \varphi''_1=\angle DAB''=236.452° \tag{6.8-13}$$

进而可得拉延机构的极位夹角 θ 与行程速比系数 K 分别为

$$\theta=180°-(\varphi'_1-\varphi''_1)=62.501°,\quad K=\frac{180°+\theta}{180°-\theta}=2.064 \tag{6.8-14}$$

综上，所设计的拉延机构具有显著的急回特性。

(4) 压边机构设计

压边机构采用了如图 6.8-2 所示的摆动从动件凸轮机构 AGH 与对心摇杆滑块机构 HIJ 串联组合的方案。机构的尺寸设计过程如下。

1) 摇杆滑块机构 HIJ 设计

图 6.8-6 所示为压边机构中采用的摇杆滑块机构。为便于设计，将摇杆 6 的两个极限位置 HI 与 HI' 对称布置在水平线上下两侧。当摇杆 6 的摆角 δ 一定时，摇杆长度越长，压块 8 的行程越大。考虑到与拉延机构的尺寸相协调，本例取摇杆 6 的长度 $l_{HI}=900$ mm，进而可计算得到摇杆的摆角 δ 为

$$\delta=2\arcsin\frac{H_2/2}{l_{HI}}=34.249° \tag{6.8-15}$$

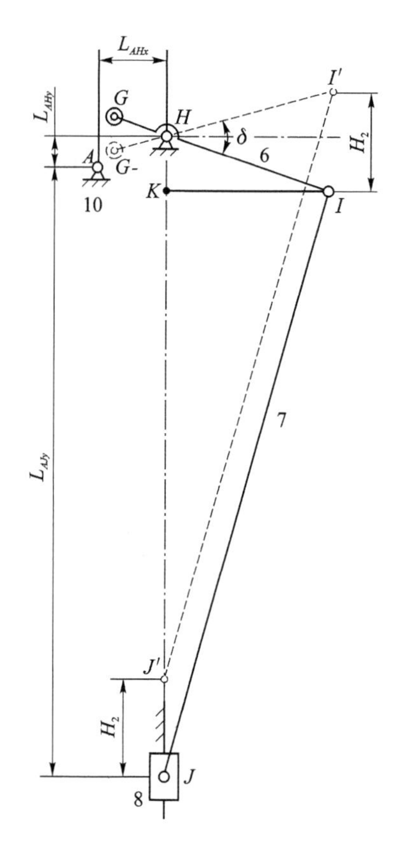

图 6.8-6　压边机构中摇杆滑块机构尺寸设计

为便于机构布置，取摇杆 6 的回转中心 H 与凸轮 1 的回转中心 A（即拉延机构主动曲柄 1 的回转中心）在水平方向的距离等于拉延机构中双曲柄机构的机架长度，即 $L_{AHx}=l_{AD}=340\ \mathrm{mm}$。同时，为使滚子两极限位置 G 与 G' 均位于 HA 连线的同侧（上侧），取摇杆 6 的回转中心 H 与凸轮 1 的回转中心 A 在竖直方向的距离为 $L_{AHy}=160\ \mathrm{mm}$。从而，摇杆 6 的回转中心 H 的位置被完全确定。

连杆 7 的长度 l_{IJ} 可由压块 8 的下极限位置（压住毛坯的位置）确定。本机构压块 8 压住毛坯的位置与拉延机构冲头 5 的匀速运动段起始位置一致，因此压块 8 的下极限位置与拉延机构主动曲柄 1 回转中心 A 在竖直方向的距离 L_{AJy} 应为

$$L_{AJy}=L_0+s_{5\_0}=3\ 225\ \mathrm{mm} \tag{6.8-16}$$

进而，利用△KIJ 中几何关系可计算连杆 7 的长度 l_{IJ} 为

$$l_{IJ}=\sqrt{\left(l_{HI}\cos\frac{\delta}{2}\right)^2+\left(L_{AJy}+L_{AHy}-l_{HI}\sin\frac{\delta}{2}\right)^2}=3\ 236\ \mathrm{mm} \tag{6.8-17}$$

2）凸轮机构 AGH 设计

首先基于图 6.8-7 确定凸轮机构的部分基本尺寸。图中 A 为凸轮 1 回转中心，H 为摆杆 6 回转中心，G 为滚子中心。根据已确定的机构尺寸，可计算得到凸轮与摆杆回转中心的距离为

$$l_{AH}=\sqrt{L_{AHx}^2+L_{AHy}^2}=376\ \mathrm{mm} \tag{6.8-18}$$

取摆杆 6 的长度 $l_{HG}=280\ \mathrm{mm}$，滚子半径 $r_r=20\ \mathrm{mm}$，同时基于已确定的摆杆摆角 $\delta=$

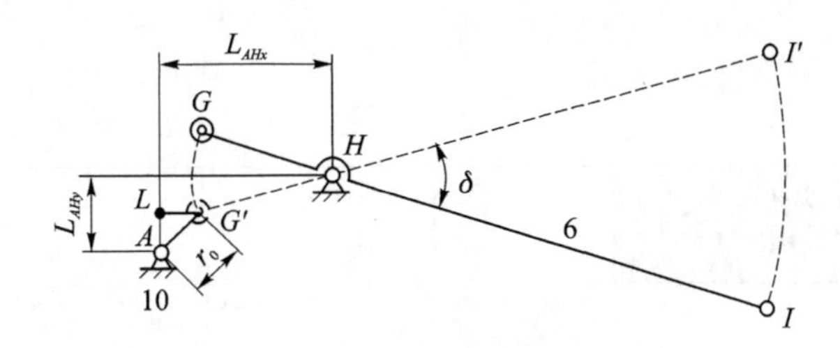

图 6.8-7　压边机构中凸轮机构基本尺寸

34.249°，可利用$\triangle AG'L$中的几何关系计算得到凸轮基圆半径r_0为

$$r_0=\sqrt{\left(L_{AHx}-l_{HG}\cos\frac{\delta}{2}\right)^2+\left(L_{AHy}-l_{HG}\sin\frac{\delta}{2}\right)^2}=106\ \text{mm} \tag{6.8-19}$$

根据各执行构件之间协调配合的要求，取摆杆 6 的推程运动角$\delta_0=90°$，远休止角$\delta_{01}=180°$，回程运动角$\delta_0'=90°$，无远休止过程。推程与回程均采用等加速等减速运动规律摆过$\delta=34.249°$。根据所确定的凸轮基本尺寸与摆杆的运动规律，参照 5.4 节中介绍的方法可完成凸轮轮廓曲线的设计。需要注意的是，5.4 节中介绍的数学模型中摆杆回转中心位于凸轮回转中心的正上方，因此，利用该数学模型求解得到凸轮轮廓曲线后，将该轮廓曲线顺时针转过$\arctan(L_{AHy}/L_{AHx})=25.201°$后，摆杆处于最低位置$HG'$（对应于压块 8 的上极限位置）。

（5）输送机构设计

输送机构采用了图 6.8-2 中槽轮机构的方案，拨杆数量取$n=1$，槽轮槽数取$z=4$，进而可确定槽轮机构的运动特性系数k（一个循环周期内槽轮转动时间与拨杆转动时间之比）为

$$k=n\left(\frac{1}{2}-\frac{1}{z}\right)=\frac{1}{4} \tag{6.8-20}$$

槽轮机构及槽轮与链轮间传动系统的具体设计过程此处略去。根据机构尺寸设计结果最终确定的各执行构件运动循环图如图 6.8-8 所示。

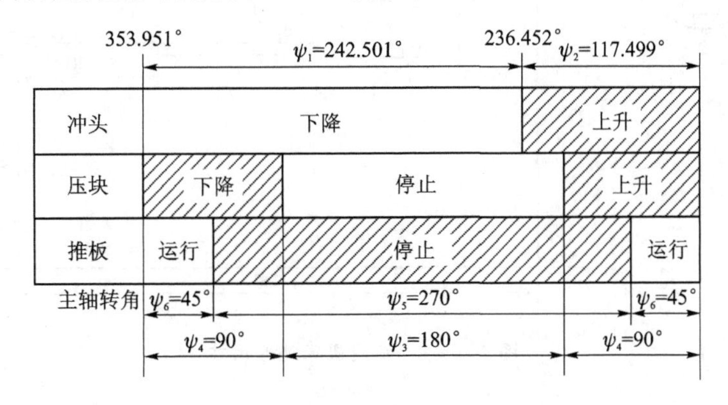

图 6.8-8　拉延、压边与输送机构运动循环图（最终确定）

第 7 章 设计题目简介

7.1 四工位专用机床设计

(1) 工作原理及工艺动作过程

如图 7.1-1 所示,工作台有Ⅰ、Ⅱ、Ⅲ、Ⅳ四个工位,工位Ⅰ装卸工件,工位Ⅱ钻孔,工位Ⅲ扩孔,工位Ⅳ铰孔。主轴箱上装有三把刀具,对应工位Ⅱ的位置装钻头,对应工位Ⅲ的位置装扩孔钻,对应工位Ⅳ的位置装铰刀。刀具由专用电动机带动绕其自身轴线转动。主轴箱每向左移动送进一次,在四个工位上分别完成相应的装卸工件、钻孔、扩孔和铰孔工作。当主轴箱向右移动(退回)到刀具离开工件后,工作台回转 90°,然后主轴箱再次左移。这时,对于其中一个工件,其进入了下一个工位的加工。如此循环四次,一个工件就完成了装、钻、扩、铰、卸等工序。由于主轴箱左移后,四个工位上的工作同时进行,因此,主轴箱每往复一次,就有一个工件完成最后一道工序。

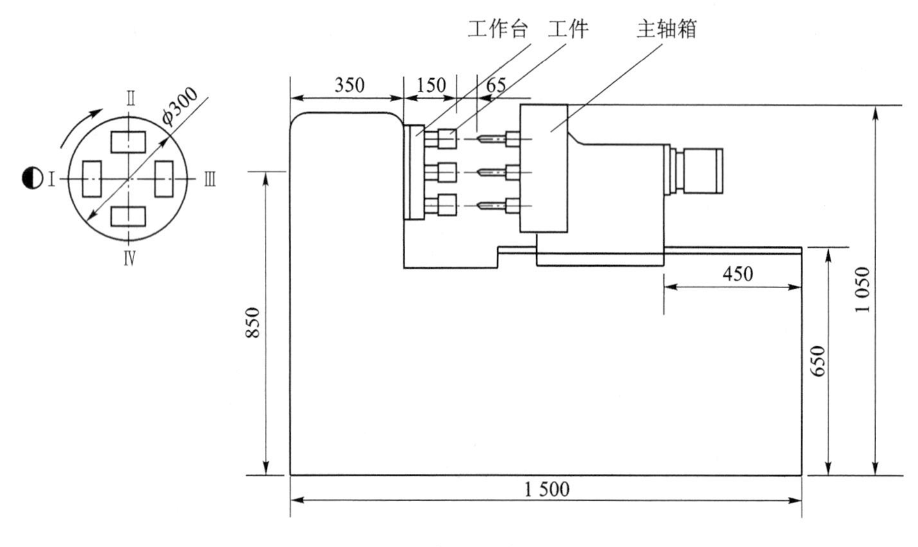

图 7.1-1 专用机床外形尺寸

(2) 原始数据和设计要求

① 如图 7.1-2 所示,初始状态下,刀具顶部距离工件表面 65 mm,刀具送进时,先快速移动 60 mm 接近工件,再匀速送进 60 mm(前 5 mm 为刀具接近工件时的切入量,工件孔深 45 mm,后 10 mm 为刀具切出量),然后快速返回,返回行程和工作行程的行程速度变化系数 $K=2$。

② 刀具匀速进给速度为 2 mm/s,工件装、卸时间不超过 10 s。

③ 生产率为每小时加工 60 件。

④ 机械系统应能够装入设备机体内,机床外形尺寸如图 7.1-1 所示。

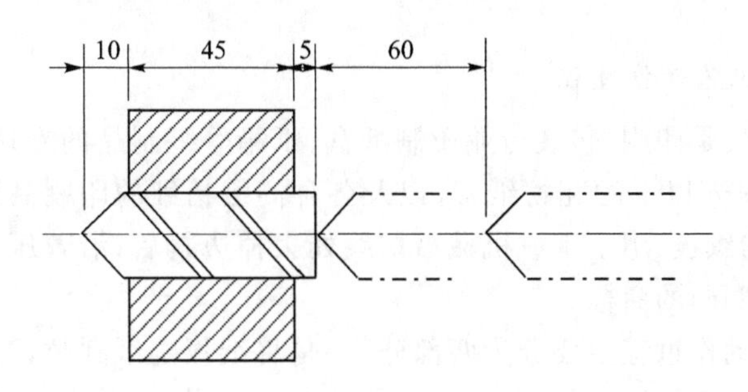

图 7.1-2　刀具行程

(3) 方案分析

本题需要设计四工位专用机床中实现工作台单向间歇转动的转位机构、实现主轴箱往复移动的刀具进给机构,以及电动机到执行机构的传动系统(电机转速可查阅相关手册)。

根据题目要求,回转工作台作单向间歇运动,每次转过 90°。主轴箱往复移动行程为 120 mm,在工作行程中有快进和慢进两段,回程具有急回特性。实现工作台单向间歇转动的机构有棘轮机构、槽轮机构、凸轮机构、不完全齿轮机构等;实现主轴箱往复移动的机构有连杆机构和凸轮机构等;两套机构由同一电动机带动,组成一个机构系统。

选择方案时,要特别注意以下几个方面:

① 工作台回转后是否有可靠的定位功能;主轴箱往复移动的行程在 120 mm 以上,所选机构是否能在给定空间内完成运动要求。

② 在机构的运动和动力性能、精度满足要求的前提下,传动链是否尽可能短,且制造、安装简便。

③ 加工对象的尺寸变更后,是否有可能方便地进行调整和改装。

(4) 设计任务

① 根据设计要求与原始数据,每人提出 1～2 种四工位专用机床的机械系统运动方案,通过小组讨论对各方案的性能进行分析比较,确定一种最佳方案。

② 选择电动机并确定电动机转速,确定电动机到各执行机构原动件的总传动比,选择各级传动机构的类型并分配各级传动比。

③ 绘制执行系统的运动循环图。

④ 利用图解法或解析法设计所选方案中的常用机构,确定各机构的几何尺寸,绘制整个机械系统的机构运动简图。

⑤ 利用解析法对所设计的机构进行运动分析,给出执行构件的位移、速度、加速度线图。

⑥ 利用虚拟样机软件对所设计的机构进行运动仿真,验证机构运动的合理性。

⑦ 编写设计说明书。

7.2 半自动平压模切机设计

(1) 工作原理及工艺动作过程

半自动平压模切机是印刷、包装行业压制纸盒、纸箱等纸制品的专用设备，它可对各种规格的纸板、厚度在 4 mm 以下的瓦楞纸板，以及各种高级精细的印刷品进行压痕、切线、压凹凸。经过压痕、切线的纸板，用手工或机械沿切线处去掉边料后，沿着压出的压痕可折叠成各种纸盒、纸箱，或制成凹凸的商标。

压制纸板的工艺动作过程主要分为两部分，一是将纸板走纸到位，二是对纸板冲压模切。如图 7.2－1 所示，4 为工作台，工作台上方的 1 为双列链传动，2 为主动链轮，3 为走纸横块(共 5 个)，横块两端分别固定在两列链条上，且横块上装有若干个夹紧片。主动链轮带动双列链条做同步的间歇运动。每次停歇时，链条上的一个走纸横块刚好运行到主动链轮下方位置。这时，工作台下方的执行构件 7 向上推动横块上的夹紧装置，使夹紧片张开，操作者可将纸板 8 送入，待夹紧后主动链轮又开始转动，将纸板送到具有固定上模 5 和可动下模 6 的位置，链轮再次停歇。这时，下模向上移动，实现纸板的压痕、切线。压切完成后，链条再次运动，当夹有纸板的横块走到某一位置时，另一机构(图上未表示)使夹紧片张开，纸板落到收纸台上，完成一个工作循环。

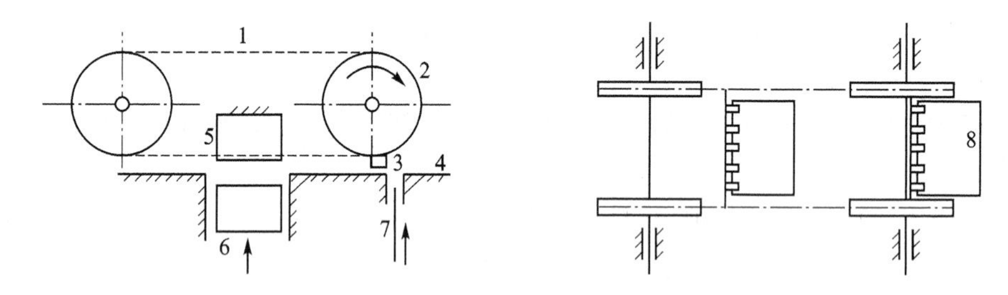

图 7.2－1　平压模切机工艺动作示意图

(2) 原始数据和设计要求

① 生产率为每小时压制纸板 3 000 张。

② 下模 6 向上移动的行程 $H=50$ mm，回程的平均速度为工作行程平均速度的 1.3 倍。

③ 工作台面距离地面的距离为 1 200 mm。

④ 所设计的机构性能良好，结构简单紧凑，节省动力，寿命长，便于制造。

(3) 方案分析

本题需要设计半自动平压模切机中带动主动链轮 2 间歇转动的输送机构、控制横块 3 上夹紧装置的控制机构、实现下模 6 往复移动的模切机构，以及电动机到执行机构的传动系统(电机转速可查阅相关手册)。

在进行运动方案设计时应注意以下几个方面：

① 设计主动链轮 2 间歇转动的运输机构时，可采用棘轮机构、槽轮机构、不完全齿轮机构及组合机构等。

② 设计横块 3 上夹紧装置的控制机构时，注意执行构件 7 有较长时间停歇的运动要求，

且该构件的受力不大。

③ 设计实现下模6往复移动的执行机构时，要同时考虑机构应满足运动条件和动力条件，尤其是压制纸板时受力较大，宜采用具有增力特性的机构。

④ 根据机器要求每小时完成的加工件数，可确定各执行机构原动件的转速，进而根据电机转速确定传动系统总传动比，传动系统设计一般可采用连续匀速的减速机构，如带传动、齿轮传动、轮系及它们的组合机构。

⑤ 由于冲压模切机构只在短时间内承受很大阻力，为减小周期性速度波动和节约能源，可选择较小容量的电动机，并安装飞轮。若传动系统选有带传动，可使大带轮起飞轮的作用，但要计算大带轮的转动惯量是否满足要求。

(3) 设计任务

① 根据设计要求与原始数据，每人提出1～2种半自动平压模切机的机械系统运动方案，通过小组讨论对各方案的性能进行分析比较，确定一种最佳方案。

② 选择电动机并确定电动机转速，确定电动机到各执行机构原动件的总传动比，选择各级传动机构的类型并分配各级传动比。

③ 绘制执行系统的运动循环图。

④ 利用图解法或解析法设计所选方案中的常用机构，确定各机构的几何尺寸，绘制整个机械系统的机构运动简图。

⑤ 利用解析法对所设计的机构进行运动分析，给出执行构件的位移、速度、加速度线图。

⑥ 利用虚拟样机软件对所设计的机构进行运动仿真，验证机构运动的合理性。

⑦ 编写设计说明书。

7.3 印刷机设计

(1) 工作原理及工艺动作过程

图7.3-1所示为待设计的印刷机。原动件1经适当机械传动将运动传递给构件4，进而可带动蘸油辊5上下往复摆动。蘸油辊5在上极限位置停留时与供油辊2接触，并由间歇转动的供油辊2摩擦带动，两油辊互做纯滚动，油墨被传到蘸油辊5上。蘸油辊5在下极限位置停留时与墨版6接触，将油墨传给墨版6，与此同时，供油辊2再次做间歇转动，将油盒3中的油墨带出。另外，原动件经适当机械传动将运动传递给墨版6，使墨版6做往复直线运动。

(2) 原始数据和设计要求

① 印刷机结构尺寸如图7.3-1所示，构件4的长度 $l_{BC}=90$ mm，供油辊2与蘸油辊5的直径 $D_2=D_5=90$ mm。

② 原动件(主轴)转速 $n_1=30$ r/min，即蘸油次数为30次/分钟。

③ 构件4带动蘸油辊5摆动的运动规律为等加速等减速运动规律。

④ 蘸油辊5摆动的运动循环为：蘸油辊由下极限至上极限的运动过程占1/12工作周期；相应于主轴转30°，蘸油辊在上极限位置与供油辊的接触过程占5/12工作周期，相应于主轴转150°；蘸油辊由上极限位置至下极限位置的运动过程占1/12工作周期，相应于主轴转30°；蘸油辊在下极限位置停留时间占5/12工作周期，相应于主轴转150°。

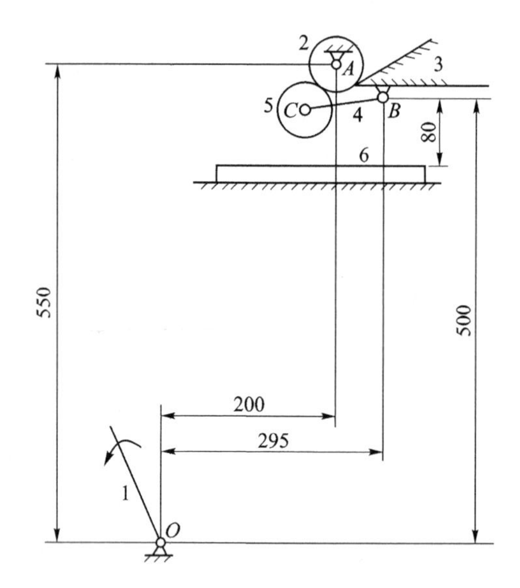

图 7.3－1 印刷机结构尺寸

⑤ 供油辊 2 的运动循环为：供油辊每个工作循环转动 60°，其中从油盒 3 带出油墨和向蘸油辊提供油墨时各转过 30°。供油辊转动占 2/5 工作周期，相应于主轴转 144°；供油辊停歇占 3/5 工作周期，相应于主轴转 216°。

（3）方案分析

本题需要设计印刷机中使蘸油辊 5 往复摆动的蘸油机构、使供油辊 2 间歇转动的供油机构、使墨版 6 往复移动的印刷机构，以及电动机到执行机构的传动系统（电机转速可查阅相关手册）。

在进行运动方案设计时，可做如下考虑：

① 蘸油辊 5 的执行机构需使蘸油辊的摆动满足所要求的运动规律，如选择凸轮机构，要注意适当选取凸轮回转中心的位置。

② 供油辊 2 的执行机构可考虑采用常用的间歇运动机构，但需使供油辊能够实现一个周期内的多次运动。

③ 墨版 6 的执行机构可采用连杆机构、凸轮机构、齿轮齿条机构等。

（4）设计任务

① 根据设计要求与原始数据，每人提出 1～2 种印刷机的机械系统运动方案，通过小组讨论对各方案的性能进行分析比较，确定一种最佳方案。

② 选择电动机并确定电动机转速，确定电动机到各执行机构原动件的总传动比，选择各级传动机构的类型并分配各级传动比。

③ 绘制执行系统的运动循环图。

④ 利用图解法或解析法设计所选方案中的常用机构，确定各机构的几何尺寸，绘制整个机械系统的机构运动简图。

⑤ 利用解析法对所设计的机构进行运动分析，给出执行构件的位移、速度、加速度线图。

⑥ 利用虚拟样机软件对所设计的机构进行运动仿真，验证机构运动的合理性。

⑦ 编写设计说明书。

7.4 榫槽成型半自动切削机设计

(1) 工作原理及工艺动作过程

图 7.4－1 所示为待设计的榫槽成型半自动切削机。原动件 1 通过适当机械传动将运动传递给推杆 5,使推杆 5 做往复直线运动。工件 2 在推杆 5 的推动下,通过固定榫槽刀 3 的切削,在全长上开出榫槽。在推杆 5 推动工件 2 之前,在同一原动件带动下,工件被构件 6 夹紧,并由端面切刀 4 先将工件 2 的端面切平。

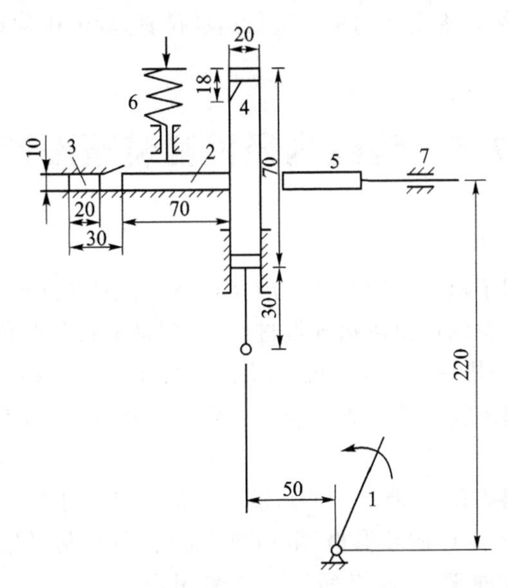

图 7.4－1 榫槽成型半自动切削机结构尺寸

(2) 原始数据和设计要求

① 原动件转速 $n_1=30$ r/min,即切削次数为每分钟 30 次。

② 推杆 5 在推动工件 2 切削榫槽时,要求工件做近似等速运动。

③ 机械系统外形尺寸如图 7.4－1 所示。

(3) 方案分析

本题需要设计榫槽成型半自动切削机中压紧工件 2 的压紧机构、使端面切刀 4 往复直线运动的端面切削机构、使推杆 5 往复直线运动的榫槽切削机构,以及电动机到执行机构的传动系统(电机转速可查阅相关手册)。

在进行运动方案设计时,可做如下考虑:

① 设计压紧机构时,由于对执行构件的受力要求不大,可重点考虑运动要求的实现。

② 设计推杆 5 的执行机构与端面切刀 4 的执行机构时,应考虑执行构件在切削过程的受力相对较大。

③ 设计推杆 5 的执行机构时,需使推杆 5 推动工件 2 切削榫槽时满足近似等速的运动规律。

(4) 设计任务

① 根据设计要求与原始数据，每人提出 1～2 种榫槽成型半自动切削机的机械系统运动方案，通过小组讨论对各方案的性能进行分析比较，确定一种最佳方案。

② 选择电动机并确定电动机转速，确定电动机到各执行机构原动件的总传动比，选择各级传动机构的类型并分配各级传动比。

③ 绘制执行系统的运动循环图。

④ 利用图解法或解析法设计所选方案中的常用机构，确定各机构的几何尺寸，绘制整个机械系统的机构运动简图。

⑤ 利用解析法对所设计的机构进行运动分析，给出执行构件的位移、速度、加速度线图。

⑥ 利用虚拟样机软件对所设计的机构进行运动仿真，验证机构运动的合理性。

⑦ 编写设计说明书。

7.5 垫圈内径检测装置设计

(1) 工作原理及工艺动作过程

垫圈内径检测装置用于检测钢制垫圈的内径是否在公差允许范围之内。被检测的垫圈由推料机构送入后沿一条倾斜的进给滑道连续进给，直到最前边的垫圈被止动机构控制的止动销挡住而停止。之后，升降机构使装有锥形探头的压杆下降，进入垫圈内孔进行检测，并根据压杆下降的距离判断垫圈内径尺寸是否符合公差要求。此时，止动销离开进给滑道，以便让垫圈浮动。

检测的工作过程如图 7.5-1 所示。当所测垫圈的内径尺寸符合公差要求时(见图 7.5-1(a))，微动开关的触头进入压杆的环形槽，微动开关断开，发出信号给控制系统(图中未给出)，在压杆离开垫圈后，垫圈被送入合格品槽。如垫圈内径尺寸小于公差允许的最小值(见图 7.5-1(b))，或大于公差允许的最大值(见图 7.5-1(c))，微动开关处于闭合状态，垫圈被送入废品槽。

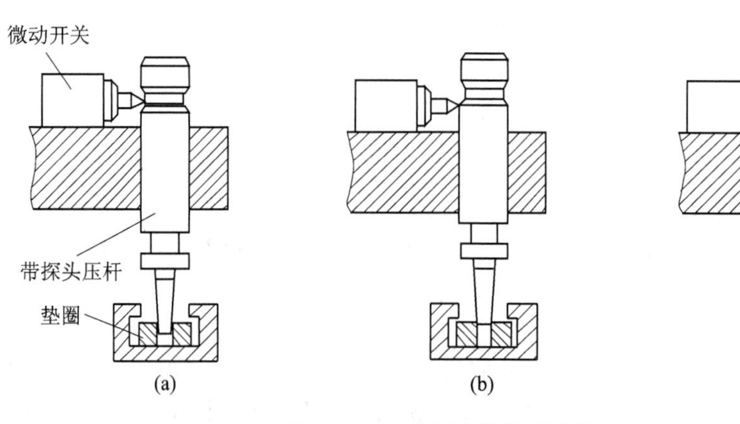

图 7.5-1　垫圈内径检测过程

(2) 原始数据和设计要求

① 被测垫圈尺寸为:公称直径 $d=20$ mm,内径 $d_1=21$ mm,外径 $d_2=37$ mm,厚度 $h=3$ mm。

② 每次检测时间为 8 s。

③ 电动机转速为 1 440 r/min。

(3) 方案分析

本题需要设计垫圈内径检测装置中的推料机构、止动机构、升降检测机构,以及电动机到执行机构的传动系统。

在进行运动方案设计时,应注意各执行构件在工作过程中的受力并不大,相互之间需要满足严格的协调配合关系。凸轮机构、连杆机构、间歇机构等均可满足题目的设计要求。

(4) 设计任务

① 根据设计要求与原始数据,每人提出 1~2 种垫圈内径检测装置的机械系统运动方案,通过小组讨论对各方案的性能进行分析比较,确定一种最佳方案。

② 确定电动机到各执行机构原动件的总传动比,选择各级传动机构的类型并分配各级传动比。

③ 绘制执行系统的运动循环图。

④ 利用图解法或解析法设计所选方案中的常用机构,确定各机构的几何尺寸,绘制整个机械系统的机构运动简图。

⑤ 利用解析法对所设计的机构进行运动分析,给出执行构件的位移、速度、加速度线图。

⑥ 利用虚拟样机软件对所设计的机构进行运动仿真,验证机构运动的合理性。

⑦ 编写设计说明书。

7.6 旋转型灌装机设计

(1) 工作原理及工艺动作过程

旋转型灌装机的工作情况如图 7.6-1 所示。设备在转动工作台上对包装容器(如玻璃瓶)连续灌装流体(如饮料、酒等)。转台有多工位停歇,以实现灌装、封口等工序。为保证在各工位上能够准确地灌装、封口,转台应有定位装置。图 7.6-1 中,工位 1 为容器输入工位,工位 2 为灌装工位,工位 3 为封口工位,工位 4 为输出工位。工位 2 采用灌装泵灌装流体,泵固定在工位上方。工位 3 采用软木塞或金属瓶盖封口,它们可由气泵吸附在压盖机构上,由压杆机构压入瓶口。

(2) 原始数据和设计要求

① 转台直径为 600 mm。

② 灌装速度为每分钟 10 件。

③ 电机转速为 1 440 r/min。

(3) 方案分析

本题需要设计旋转型灌装机中转台的转位机构和定位(锁紧)机构、压盖机构,以及电动机

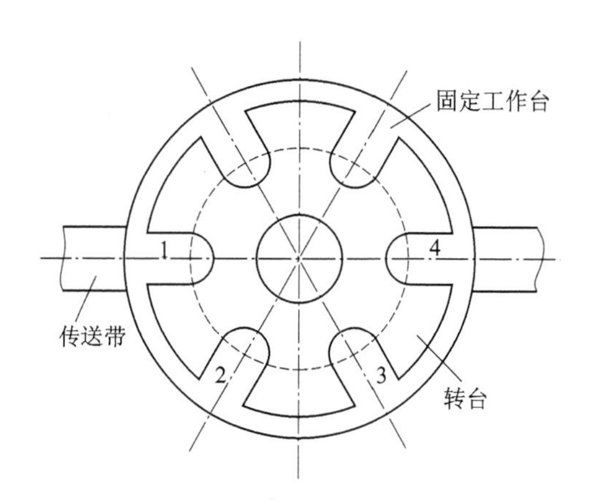

图 7.6-1　旋转型灌装机工作情况示意图

到执行机构的传动系统。

转台的间歇转位需要转位准确且稳定可靠，可采用槽轮机构、不完全齿轮、凸轮机构等。转台的定位（锁紧）机构则可采用凸轮机构等。压盖机构需要从上向下将软木塞或瓶盖压入瓶口，因此需要执行构件做往复直线运动，可采用连杆机构或凸轮机构的方案。

（4）设计任务

① 根据设计要求与原始数据，每人提出 1～2 种旋转型灌装机的机械系统运动方案，通过小组讨论对各方案的性能进行分析比较，确定一种最佳方案。

② 确定电动机到各执行机构原动件的总传动比，选择各级传动机构的类型并分配各级传动比。

③ 绘制执行系统的运动循环图。

④ 利用图解法或解析法设计所选方案中的常用机构，确定各机构的几何尺寸，绘制整个机械系统的机构运动简图。

⑤ 利用解析法对所设计的机构进行运动分析，给出执行构件的位移、速度、加速度线图。

⑥ 利用虚拟样机软件对所设计的机构进行运动仿真，验证机构运动的合理性。

⑦ 编写设计说明书。

7.7　自动打印机设计

（1）工作原理及工艺动作过程

自动打印机用于根据需要在某商品包装好的纸盒上打印一种记号，图 7.7-1 为其工作过程示意图。首先，送料机构将纸盒送达打印工位，并与固定挡块一同对纸盒进行定位夹紧。之后，打印机构从上方向纸盒打印记号。最后，输出机构将产品推出。

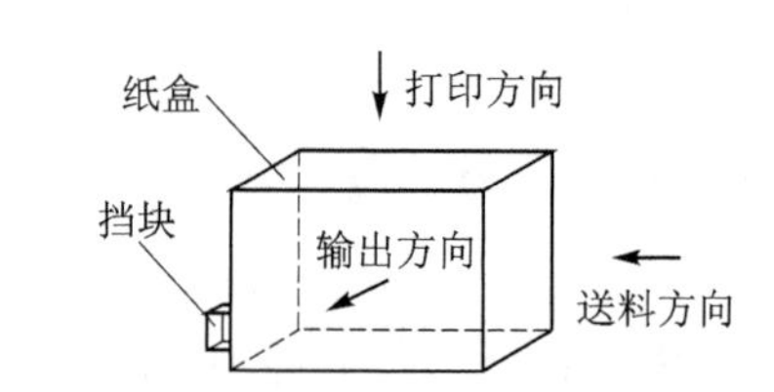

图 7.7-1　自动打印机工作情况示意图

（2）原始数据和设计要求

① 纸盒尺寸：长 100～150 mm，宽 70～100 mm，高 30～50 mm。

② 打印生产率为 80 次/分钟。

③ 要求机构的结构简单紧凑，运动灵活可靠，且易于制造。

(3) 方案分析

本题需要设计自动打印机中的送料机构、打印机构、输出机构，以及电动机到执行机构的传动系统(电机转速可查阅相关手册)。

送料机构用于实现纸盒的推送到位以及定位夹紧，可考虑采用凸轮机构或有一定停歇运动的连杆机构。打印机构与输出机构的执行构件均需要做往复直线运动，可考虑采用连杆机构或凸轮机构。

(3) 设计任务

① 根据设计要求与原始数据，每人提出 1～2 种自动打印机的机械系统运动方案，通过小组讨论对各方案的性能进行分析比较，确定一种最佳方案。

② 选择电动机并确定电动机转速，确定电动机到各执行机构原动件的总传动比，选择各级传动机构的类型并分配各级传动比。

③ 绘制执行系统的运动循环图。

④ 利用图解法或解析法设计所选方案中的常用机构，确定各机构的几何尺寸，绘制整个机械系统的机构运动简图。

⑤ 利用解析法对所设计的机构进行运动分析，给出执行构件的位移、速度、加速度线图。

⑥ 利用虚拟样机软件对所设计的机构进行运动仿真，验证机构运动的合理性。

⑦ 编写设计说明书。

7.8 糕点切片机设计

(1) 工作原理及工艺动作过程

图 7.8-1 所示的是糕点经过成型(长方体)、切片、烘干的制作过程。糕点切片机需要能够协调完成糕点切片过程的两个动作：糕点的直线间歇移动和切刀的往复直线移动。改变糕点每次间歇输送的距离，可满足不同切片尺寸的需要。

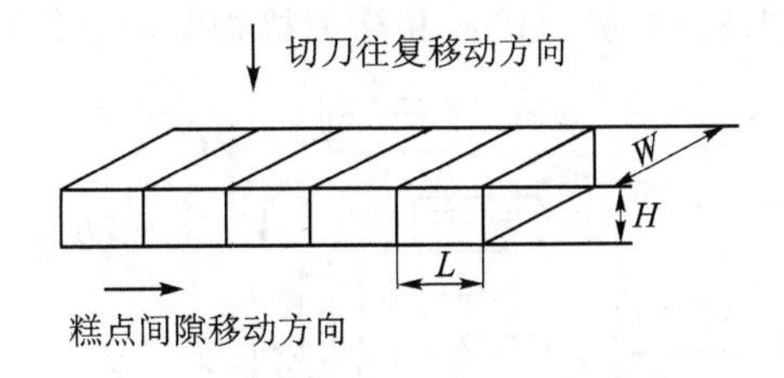

图 7.8-1 糕点切片工作情况示意图

(2) 原始数据和设计要求

① 糕点尺寸如图 7.8-1 所示，其中厚度 $H=10\sim20$ mm，宽度 $W=300$ mm，切片长度 $L=5\sim80$ mm。

② 切刀工作节拍为 40 次/分钟。

③ 生产阻力很小，要求机构简单、轻便，运动灵活、可靠。

④ 电机转速为 1 390 r/min。

(3) 方案分析

本题需要设计糕点切片机中使糕点间歇移动的输送机构(每次间隔的输送距离可调)、使切刀往复直线运动的切片机构,以及电动机到执行机构的传动系统。

在进行运动方案设计时,应做如下考虑:

① 设计切片机构时,应注意切削速度较大时,切片切口会整齐平滑,因此切片机构应力求简单适用、运动灵活、空间尺寸紧凑。

② 输送机构需满足切片长度可调整的要求,调整机构必须简单可靠,操作方便。

③ 糕点输送运动在切刀完全脱离切口后才能开始进行,输送机构的运动可与切刀的工作行程在时间上有一段重叠,以提高生产率。

(4) 设计任务

① 根据设计要求与原始数据,每人提出 1～2 种糕点切片机的机械系统运动方案,通过小组讨论对各方案的性能进行分析比较,确定一种最佳方案。

② 确定电动机到各执行机构原动件的总传动比,选择各级传动机构的类型并分配各级传动比。

③ 绘制执行系统的运动循环图。

④ 利用图解法或解析法设计所选方案中的常用机构,确定各机构的几何尺寸,绘制整个机械系统的机构运动简图。

⑤ 利用解析法对所设计的机构进行运动分析,给出执行构件的位移、速度、加速度线图。

⑥ 利用虚拟样机软件对所设计的机构进行运动仿真,验证机构运动的合理性。

⑦ 编写设计说明书。

7.9 三面自动切书机设计

(1) 工作原理及工艺动作过程

三面自动切书机的作用是切去书籍的三个余边,图 7.9-1 为其工作过程示意图。该设备机械系统包含送料机构、压书机构、侧刀机构和横刀机构等四个执行机构。

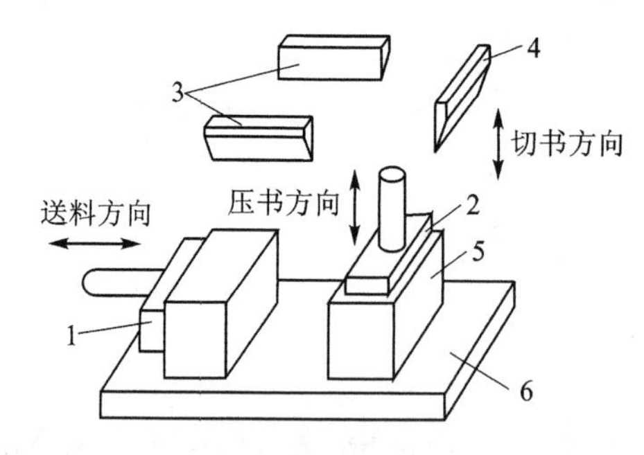

图 7.9-1 三面自动切书机工作情况示意图

在一个循环周期中,各执行机构所完成的动作如下:

① 送料机构:推头 1 将输送带上输送过来的书摞 5 推至工作台 6 上的切书工位。

② 压书机构:压头 2 在切书工位将书摞 5 压紧。

③ 侧刀机构:侧刀 3 将书摞两侧的余边切去。

④ 横刀机构:横刀 4 将书摞前面的余边切去。

(2) 原始数据和设计要求

① 被切书摞尺寸:长 260 mm、宽 185 mm、高 90 mm。

② 推书行程为 370 mm,压书行程为 400 mm,侧刀行程为 350 mm,横刀行程为 380 mm。

③ 生产率为 6 摞/分钟。

④ 要求机构简单、轻便,运动灵活可靠。

(3) 方案分析

本题需要设计自动打印机中的送料机构、压书机构、侧刀机构、横刀机构,以及电动机到执行机构的传动系统(电机转速可查阅相关手册)。

送料机构的推头 1 需要做往复移动,满足其运动规律的机构有凸轮机构、连杆机构等。压书机构的压头 2 需要做往复运动,且在压住书摞后需要较长的停歇时间,适用的机构有凸轮机构或带有凸轮机构的组合机构等。侧刀机构与横刀机构需要执行构件做往复移动,且执行构件在切书过程的受力相对较大,可考虑使用多杆机构的方案。

(4) 设计任务

① 根据设计要求与原始数据,每人提出 1～2 种三面自动切书机的机械系统运动方案,通过小组讨论对各方案的性能进行分析比较,确定一种最佳方案。

② 选择电动机并确定电动机转速,确定电动机到各执行机构原动件的总传动比,选择各级传动机构的类型并分配各级传动比。

③ 绘制执行系统的运动循环图。

④ 利用图解法或解析法设计所选方案中的常用机构,确定各机构的几何尺寸,绘制整个机械系统的机构运动简图。

⑤ 利用解析法对所设计的机构进行运动分析,给出执行构件的位移、速度、加速度线图。

⑥ 利用虚拟样机软件对所设计的机构进行运动仿真,验证机构运动的合理性。

⑦ 编写设计说明书。

7.10 肥皂压花机设计

(1) 工作原理及工艺动作过程

肥皂压花机的功能是在肥皂块上利用模具压制花纹和字样,图 7.10-1 为其工作过程示意图。首先,推杆 4 将切制好的肥皂块 3 送至压模工位。之后,下模 1 上移,将肥皂块 3 推至固定的上模 2 下方,靠压力在肥皂块的上、下两面同时压制出图案。最后,下模 1 返回,顶杆 5 将肥皂块推出,一个工作循环结束。

(2) 原始数据和设计要求

① 肥皂块尺寸:长 80～120 mm,宽 60～80 mm,高 30～50 mm。

② 生产率为 50 块/分钟。

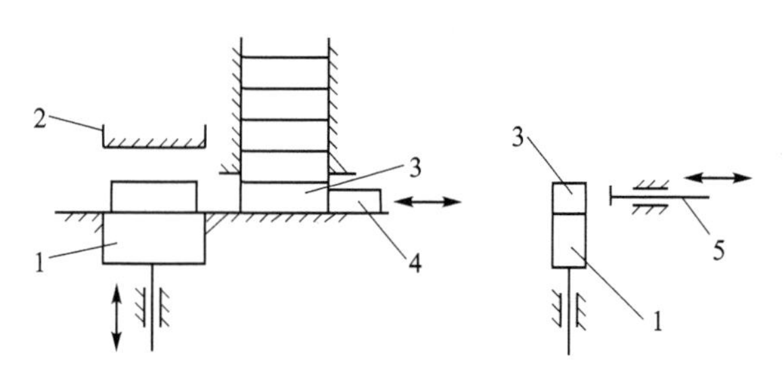

图 7.10-1　肥皂压花机工作情况示意图

③ 要求机构的结构简单紧凑，运动灵活可靠，易于制造。

(2) 方案分析

本题需要设计肥皂压花机中的送料机构、压花机构、下料机构，以及电动机到执行机构的传动系统（电机转速可查阅相关手册）。各执行构件的运动均为往复移动，且受力不大，可采用凸轮机构、连杆机构等方案予以实现。

(3) 设计任务

① 根据设计要求与原始数据，每人提出 1～2 种肥皂压花机的机械系统运动方案，通过小组讨论对各方案的性能进行分析比较，确定一种最佳方案。

② 选择电动机并确定电动机转速，确定电动机到各执行机构原动件的总传动比，选择各级传动机构的类型并分配各级传动比。

③ 绘制执行系统的运动循环图。

④ 利用图解法或解析法设计所选方案中的常用机构，确定各机构的几何尺寸，绘制整个机械系统的机构运动简图。

⑤ 利用解析法对所设计的机构进行运动分析，给出执行构件的位移、速度、加速度线图。

⑥ 利用虚拟样机软件对所设计的机构进行运动仿真，验证机构运动的合理性。

⑦ 编写设计说明书。

7.11　洗瓶机设计

(1) 工作原理及工艺动作过程

图 7.11-1 为洗瓶机的工作情况示意图。待洗的瓶子首先被放到两个转动着的导辊上，由导辊带动瓶子旋转。推头推动瓶子前进，转动着的刷子将瓶子的外表面清洗干净。当前一个瓶子将要清洗完毕时，后一个待清洗的瓶子已送入导辊待推。前一个瓶子清洗完毕后，推头由合适的路线退回，准备开始下一循环的推动清洗。

(2) 原始数据和设计要求

① 瓶子尺寸：大端直径 $d=80$ mm，总长度 $l=200$ mm。

② 推头推进距离 $L=600$ mm，且推瓶过程需保持近似匀速，推头与瓶子的接触和脱离应平稳，清洗结束后推头快速返回原位。

③ 根据生产率的要求，工作行程平均速度为 $v=45$ mm/s，返回时的平均速度为工作行程平均速度的 3 倍。

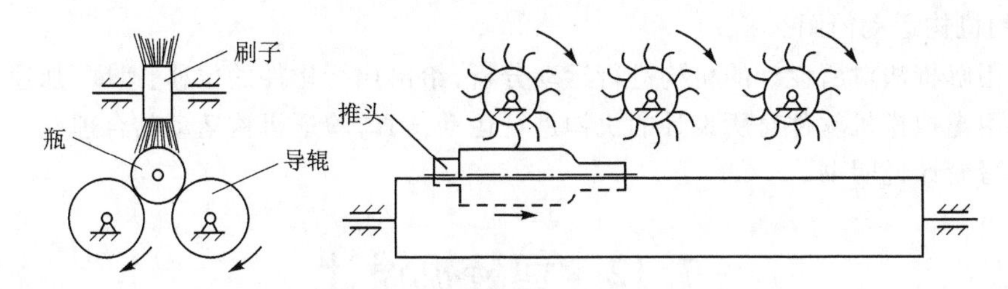

图 7.11－1　洗瓶机工作情况示意图

(3) 方案分析

本题需要设计洗瓶机中能够满足要求的推瓶机构，以及电动机到执行机构的传动系统(电机转速可查阅相关手册)。

根据设计要求，推头可按图 7.11－2 所示轨迹运动，且在 $L=600$ mm 的工作行程中做近似匀速运动，在其前后做变速运动，回程时有急回特性。对于这种运动要求，采用单一的常用基本机构不易实现，通常需要使用若干基本机构的组合才能实现。在选择机构形式时，一般先考虑选择满足轨迹要求的机构(基础机构)，而沿轨迹运动时的速度要求，可通过改变基础机构中原动件的速度来满足，也就是让基础机构与一个输出变速度的附加机构组合。

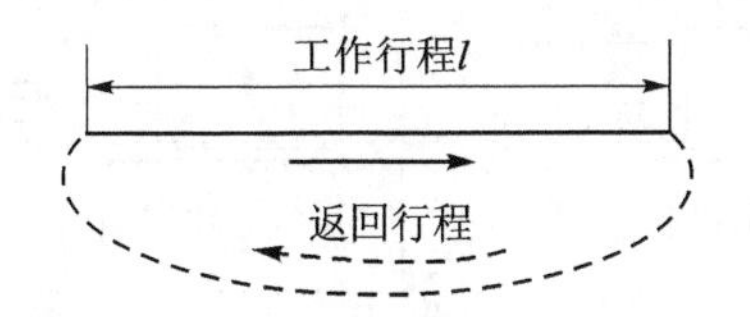

图 7.11－2　洗瓶机推头运动轨迹

在进行组合机构设计时，可考虑以下方案：

① 凸轮　铰链四杆机构：利用铰链四杆机构的连杆曲线实现推头的运动轨迹，推头的速度通过凸轮推动铰链四杆机构中的摇杆进行控制。此方案中铰链四杆机构中的曲柄为从动件，因此要注意增设使机构通过死点的措施。

② 凸轮(或齿轮)　五杆机构：一条平面曲线包含两个独立变量，两自由度的平面五杆机构具有能够精确再现给定平面轨迹的特性。推头的速度和急回要求，可通过控制五杆机构两个输入构件间的运动关系进行实现。两输入构件间的运动关系可通过凸轮机构、齿轮机构等控制，从而将两自由度系统封闭成单自由度系统。

③ 双凸轮　全移动副四杆机构：全移动副平面四杆机构具有两个自由度，能够精确实现给定的轨迹。通过两个联动的凸轮机构可实现推头的速度与急回要求，并将两自由度系统封闭成单自由度系统。

(4) 设计任务

① 根据设计要求与原始数据，每人提出 1～2 种洗瓶机的机械系统运动方案，通过小组讨论对各方案的性能进行分析比较，确定一种最佳方案。

② 选择电动机并确定电动机转速，确定电动机到推瓶机构原动件的总传动比，选择各级传动机构的类型并分配各级传动比。

③ 利用图解法或解析法设计所选方案中的常用机构，确定各机构的几何尺寸，绘制整个

机械系统的机构运动简图。

④ 利用解析法对所设计的机构进行运动分析，给出执行构件的位移、速度、加速度线图。

⑤ 利用虚拟样机软件对所设计的机构进行运动仿真，验证机构运动的合理性。

⑥ 编写设计说明书。

7.12　包装机设计

(1) 工作原理及工艺动作过程

图 7.12－1 为包装机推包机构的工作情况示意图。工作要求为：待包装的工件 1 首先由输送系统输送到等待工作台，然后由推头 2 将工件 1 推至包装工作台（推头由 *a* 处运动到 *b* 处），再进行包装。为提高生产效率，在推头 2 结束回程（由 *b* 处至 *a* 处）时，下一工件应已输送到推头 2 前方的等待工作台，使推头 2 能够立刻开始下一工件的推送。为了实现这一要求，推头 2 在回程退出包装工作台后应下降，从等待工作台下方完成返回过程，因而推头 2 的运动路线应为“*abcdea*”。

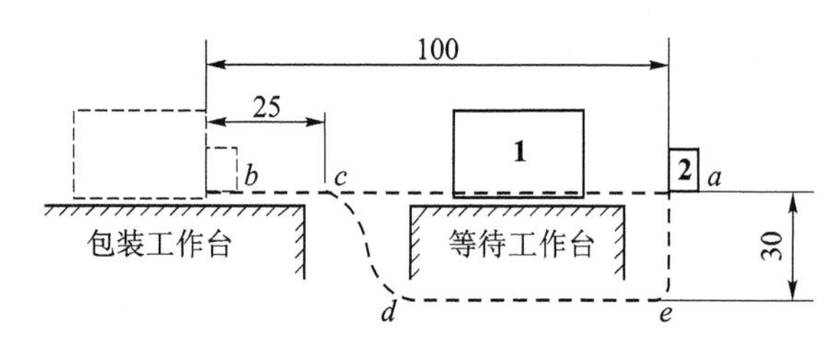

图 7.12－1　洗瓶机工作情况示意图

(2) 原始数据和设计要求

① 推头 2 的运动路线及相关距离参数如图 7.12－1 所示。

② 生产率要求每 5～6 s 包装一个工件。

③ 推头 2 的回程平均速度需大于推程平均速度，行程速度系数 K 在 1.2～1.5 范围内选取。

④ 推头 2 回程“*cdea*”段运动路线的形状不做严格要求。

(3) 方案分析

本题需要设计包装机中能够满足要求的推包机构，以及电动机到执行机构的传动系统（电机转速可查阅相关手册）。

根据设计要求，推头需要按图 7.12－1 所示轨迹运动，且具有急回特性。对于这种运动要求，可采用组合机构实现。在选择机构形式时，可做如下考虑：

① 首先选择执行构件做往复直线运动的连杆机构使推头 2 实现水平往复移动的行程与急回特性要求。

② 通过组合凸轮机构与连杆机构将升降运动复合到推头 2 的水平运动中，实现推头 2 的最终运动路线。

(4) 设计任务

① 根据设计要求与原始数据，每人提出 1～2 种推包机的机械系统运动方案，通过小组讨

论对各方案的性能进行分析比较，确定一种最佳方案。

② 选择电动机并确定电动机转速，确定电动机到推包机构原动件的总传动比，选择各级传动机构的类型并分配各级传动比。

③ 利用图解法或解析法设计所选方案中的常用机构，确定各机构的几何尺寸，绘制整个机械系统的机构运动简图。

④ 利用解析法对所设计的机构进行运动分析，给出执行构件的位移、速度、加速度线图。

⑤ 利用虚拟样机软件对所设计的机构进行运动仿真，验证机构运动的合理性。

⑥ 编写设计说明书。

参考文献

[1] 武丽梅，回丽. 机械原理[M]. 北京：北京理工大学出版社，2015.
[2] 郭卫东. 机械原理[M]. 2 版. 北京：科学出版社，2013.
[3] 孙桓，陈作模，葛文杰. 机械原理[M]. 8 版. 北京：高等教育出版社，2013.
[4] 师忠秀. 机械原理课程设计[M]. 3 版. 北京：机械工业出版社，2016.
[5] 陆凤仪. 机械原理课程设计[M]. 3 版. 北京：机械工业出版社，2020.
[6] 王淑仁. 机械原理课程设计[M]. 北京：科学出版社，2006.
[7] 孙志宏，周申华. 机械原理课程设计[M]. 上海：东华大学出版社，2015.
[8] 李瑞琴. 机械原理课程设计[M]. 上海：东华大学出版社，2013.
[9] 赵匀. 机构数值分析与综合[M]. 2 版. 北京：电子工业出版社，2005.
[10] 李滨城，徐超. 机械原理 MATLAB 辅助分析[M]. 2 版. 北京：化学工业出版社，2018.
[11] 李允旺，王洪欣，代素梅. 机械原理数值计算与仿真[M]. 北京：科学出版社，2017.
[12] 郭卫东，李守忠. 虚拟样机技术与 ADAMS 应用实例教程[M]. 2 版. 北京：北京航空航天大学出版社，2018.